Generis
PUBLISHING

# Caractérisation des galeries forestières de la Falémé et du Bafîng dans la région de Kayes au Mali

*Ousmane Birama KONATE*

Title: **Caractérisation des galeries forestières de la Falémé et du Bafîng dans la région de Kayes au Mali**

ISBN: 979-8-89966-349-9

Author: Ousmane Birama KONATE

Cover image: Author

Publisher: Generis Publishing
Online orders: www.generis-publishing.com
Contact email: info@generis-publishing.com

## Table des matières

## Liste des tableaux



## Liste des figures

## Liste des annexes

## Dédicace

Je dédie ce mémoire de fin de cycle d'Ingénieur à ma mère, Mme KONATE Karidia TRAORE.

# Remerciements

Au terme du présent mémoire de fin de cycle, j'adresse mes sincères remerciements à l'administration ainsi qu'à tout le corps professoral de l'Institut Polytechnique Rural de Formation et Recherche Appliquée IPR/IFRA de Katibougou et l'Annexe de Bamako, qui m'ont fourni les outils nécessaires à la réussite de mes études universitaires et ma future carrière professionnelle.

Mes remerciements vont à l'endroit du Laboratoire d'Ecologie Tropicale, à ses responsables et à tous les membres de l'équipe du Pr. KAREMBE de la Faculté des Sciences et Techniques de l'USTTB pour leur appui technique, matériel, financier et leur disponibilité lors de la réalisation de nos travaux de terrain.

Je remercie aussi tous les membres de l'équipe du projet de Biodiversité de la Faculté des Sciences et Techniques de l'USTTB pour leur appui technique, matériel et leur disponibilité lors de nos travaux de terrain.

La réalisation de ce mémoire a été possible grâce au concours de plusieurs personnes à qui je voudrais témoigner toute ma gratitude.

Je souhaite avant tout remercier mon directeur de mémoire, Pr. Moussa KAREMBE, pour le temps qu'il a consacré à m'apporter les outils méthodologiques et les conseils pédagoscientifiques pour la conduite de cette recherche. Son exigence m'a grandement stimulé.

Je voudrais adresser toute ma reconnaissance à mon co-directeur de mémoire, Pr. Fadiala DEMBELE, pour sa patience, sa disponibilité et surtout ses judicieux conseils, qui ont contribué à alimenter ma réflexion.

L'enseignement de qualité dispensé par le DER/GREF a également su nourrir mes réflexions et a représenté une profonde satisfaction intellectuelle, merci donc aux enseignantschercheurs.

Je remercie en particulier mes encadreurs techniques le Doctorant Siriki FANE pour son encadrement technique et je lui souhaite tout le bonheur possible et le Doctorant Boureima KANAMBAYE, qu'ils trouvent ici toute ma reconnaissance et mes vifs remerciements pour leur contribution dans la réussite de ce travail.

Je voudrai remercier aussi Dr. Lassina TRAORE assistant du Pr. KAREMBE à l'USTTB/FST pour ses conseils.

Je remercie chaleureusement Capitaine Youssouf CAMARA Assistant à l'Université de Ségou et M. Aboul Kader TOURE pour son accompagnement tout au long de ce stage, je témoigne mes reconnaissances à M. Bourama COULIBALY et son collègue Kalifa TRAORE pour leur collaboration.

Je rends un vibrant hommage au regretté Feu Harouna YOSSI, que la terre lui soit légère, il fut un grand collaborateur de mon directeur et de mon co-directeur de mémoire.

J'aimerais exprimer ma gratitude à tous les chercheurs et spécialistes, trop nombreux pour les citer, qui ont pris le temps de discuter de mon sujet. Chacun de ces échanges m'a aidé à faire avancer mon analyse.

Je voudrais exprimer ma reconnaissance envers les amis et collègues qui m'ont apporté leur soutien moral et intellectuel tout au long de ma démarche, singulièrement à : Bakary KANE et famille, Aliou GAKOU, Awa KAYENTAO, Adama Bamba SOUMAORO, Hussein SIDIBE, Almoctar Moussa ASSANE, Abdramane CISSE, Amadou Alpha BA et Mariétou HAIDARA. Je remercie Moussa DIABY et sa famille pour leur hospitalité durant ma formation à l'IPR/IFRA de Katibougou.

Un grand merci à Pr. Tièmoko SANGARE pour ses conseils concernant mon style d'écriture. Merci à Dr. Maimouna COULIBALY TOURE qui a beaucoup partagé ses connaissances et expériences dans le milieu rural avec moi.

Hommages à : Pr. Youssouf SANOGO, Pr. Fassé SAMAKE, Dr. Adama KONATE et M. Abdoulaye SY, pour m'avoir accordé des entretiens et avoir répondu à mes questions sur la culture du monde de recherche, ainsi que leur expérience personnelle. Ils ont été d'un grand soutien dans l'élaboration de ce mémoire.

Merci à Pr. Bernard SODIO, Vice-doyen de la FST pour ses conseils de rédaction précieux. Hommage à mes parents, pour leur soutien constant et leurs encouragements. Je remercie mes très chers tontons Adama, Daouda, Bakary et Doulaye qui ont toujours été là pour moi. Je remercie mes sœurs Korotoum et Djénéba, et grands mercis à mes frères Adama, Mahamadou, Aboubacar, Abramane, Amadou, Youssouf et Oumar, pour leurs encouragements.

Un grand merci également à la famille KONATE au Mali, en Côte d'Ivoire et partout dans le monde pour avoir eu la patience de répondre à mes innombrables besoins durant

## Sigles et abréviations

AEDD : Agence d'Environnement et du Développement Durable.

AFD : Agence Française de Développement.

AMD : Aide Multicritère à la Décision.

ANM : Assemblée Nationale du Mali.

B : Bordière.

CDB : Convention sur la Diversité Biologique.

CILSS : Comité Permanent Inter-Etats de Lutte Contre la Sécheresse dans le Sahel.

DER : Département d'Etude et de Recherche.

DNEF : Direction National des Eaux et Forêts.

ENI-ABT : Ecole National d'Ingénieur Abdramane Baba TOURE.

ENSup : Ecole Normale Supérieur.

FAO : Food and Agriculture Organisation of the United Nations (Organisation des Nations Unies pour l'Agriculture et l'Alimentation).

FST : Faculté des Sciences et Techniques.

GF : Galerie Forestière.

Ha : Hectare.

ID-Sahel : Ingénierie pour le Développement au Sahel.

IER : Institut d'Economie Rural.

IPR/IFRA : Institut Polytechnique Rural de Formation et de Recherche Appliquée.

IRD : L'Institut de Recherche pour le Développement.

Km : Kilomètre.

$Km^2$ : Kilomètre Carré.

LET : Laboratoire d'Ecologie Tropicale.

Log2=Logarithme à Base 2.

$M^2$ : Mètre carré.

MEADD : Ministère de l'Environnement de l'Assainissement et du Développement Durable. MEATEU : Ministère de l'Environnement de l'Aménagement Territoriale de l'Équipement et de l'Urbanisme.

MEE : Ministère de l'Energie et de l'Eau.

mg : milligramme.

N° : Numéro.

OMVS : Organisation pour Mise en Valeur de Fleuve Sénégal.

ONU : Organisation des Nations Unies.

OSS/ROSELT : Observatoire du Sahara et du Sahel / Réseau d'Observatoires de Surveillance Ecologique à Long Terme.

PEC : Poids d'Echantillon Composite.

PNUD : Programme des Nations Unies pour le Développement.

P-RM : Présidence de la République du Mali.

RDC : République Démocratique de Congo.

RGPH : Recensement Général de la Population et de l'Habitat.

RM : République du Mali. t:
tonne.

UNESCO : L'Organisation des Nations Unies pour l'Education, la Science et la Culture. USAID : L'Agence des États-Unis pour le Développement International est une Agence Indépendante du Gouvernement Fédéral des États-Unis.

USTTB : Université des Sciences Techniques et Technologiques de Bamako.

VIH/Sida : Virus de l'Immunodéficience Humaine (Syndrome d'Immunodéficience Acquise).

# Résumé

L'étude de caractérisation de la végétation des bordières des rivières a été menée sur les galeries forestières des rivières de Bafing et de Falémé. Pour ce faire, il a été réalisé une quête socioéconomique et des relevés phytoécologiques. La méthode de transect a été utilisée et l'échantillonnage était du type systématique avec un pas de 100m.

L'étude a permis d'identifier de principales causes de dégradation de la végétation des galeries de la Falémé. Elles sont anthropiques que climatiques. Il s'agit : des coupes d'arbres et exploitation de charbon, l'orpaillage, le surpâturage et les feux de brousse.

Les galeries des deux rivières étudiées sont caractérisées par des arbres de hauteurs variables avec des taux de recouvrements aussi variables. Quel que soit la strate, son taux de recouvrement est plus important au niveau de la Falémé que du Bafing, excepté la strate herbacée. De point de vie diversité, il a été recensé au total 108 espèces ligneuses dont 73 au Bafing et 86 espèces à la Falémé. Ces espèces appartiennent à 37 familles dont 23 sont communes aux deux rivières. Les galeries de la Falémé sont diversifiées que celles de du Bafing. S'agissant du tapis herbacé, plus que l'on s'éloigne du cours d'eau plus son nombre en espèces augmente. Ces deux rivières ont un indice de diversité de Shannon élevé avec respectivement 5, 37 pour le Bafing et 5,38 pour la Falémé. Plus l'indice est élevé plus la diversité est forte. L'indice d'équitabilité est aussi très proche de 1 pour les rivières.

Il faut cependant souligner que de plus en plus ces galeries sont convoitées pour l'exploitation minière (orpaillage) à la Falémé et agricole au Bafing. A cet effet, une surveillance de ces galeries mérite d'être entreprise si l'on conserver certaines espèces qui leurs sont inféodées.



***Mots clés*** : rivière galerie, diversité végétale, bassin, fleuve Sénégal, Mali.

# 1. INTRODUCTION

Le Mali couvre une superficie de 1 241 238 km$^2$, il est parcouru par les deux plus grands fleuves ouest africains, le fleuve Niger et Sénégal qui divisent le pays en deux bassins versants ; le bassin du fleuve Niger et le bassin du fleuve Sénégal. (MEE, 1998).

Le fleuve Sénégal se forme à Bafoulabé au Mali, par la confluence de deux rivières qui descendent du massif du Fouta-Djalon, le Bafing et le Bakoye (grossi du Baoulé). Le Bafing, qui apporte la moitié des eaux du fleuve est ainsi considéré comme la branche mère. Il reçoit sur sa rive gauche la Falémé, qui est son principal et dernier affluent significatif et forme la frontière entre le Mali et le Sénégal. Le bassin du fleuve Sénégal est situé dans la partie Ouest de l'Afrique. Il est drainé par un fleuve long de 1800 km ; le deuxième plus long de la région Ouest africaine. Ses trois principaux affluents - le Bafing, le Bakoye et la Falémé, ils prennent tous leur source dans le Massif du Fouta Djallon (République de Guinée). Les rivières Bafing ; Bakoye et Falemé ont leur parcours dans la zone bioclimatique pré-guinéenne (OMVS, 1998).

Ces cours d'eau assurent plus de 80% des ressources en eaux de surface pérennes du Mali soit 56 milliards de m$^3$ en année moyenne, 88 milliards de m$^3$ en année humide et 24 milliards de m$^3$ d'eau en année sèche (MEME, 2007. Aussi, jouent-elles un rôle important dans la vie socio-économique et dans la sauvegarde de la biodiversité au Mali. Sur le plan socioéconomique, les populations riveraines tirent l'essentiel de leurs moyens d'existence des activités agricoles, pastorales, de pêche et de navigation directement liées à l'exploitation de ces cours.

En plus, l'exploitation forestière est pratiquée dans les forêts galeries le long de ces cours d'eau qui jouent un rôle très important dans la sauvegarde de la biodiversité.

En effet, les rivières du Mali Ouest conservent encore une diversité floristique et faunique très importante et particulièrement le Bafing et la Falémé.

Les formations forestières le long des rivières, appelées galeries, constituent des habitats naturels pour la faune sauvage. Les eaux de galerie renferment des plantes aquatiques, des insectes d'eau, des mollusques, des poissons, des reptiles, des oiseaux aquatiques et des mammifères.

La bande forestière à la végétation dense et exubérante, large de vingt à cent mètres, longeant les bords des rivières est nommée galerie forestière. Elle fait partie des formations forestières fermées, en zone tropicale d'Afrique, selon la classification de Yangambi (CSSA, 1956).

Les galeries forestières jouent un rôle important dans la protection des berges et la lutte contre l'évaporation des eaux des rivières. Ces formations forestières constituent aussi un réservoir de diversité biologique en général et végétale en particulier. A cause des conditions hydriques favorables, certaines espèces végétales, surtout ripicoles, ne sont rencontrées que dans les galeries forestières.

Dans les pays sahéliens, les ressources végétales occupent une place importante dans la survie des populations. Les écosystèmes y sont très riches et variés en espèces végétales et constituent un patrimoine qui mérite d'être sauvegardé. Ils sont malheureusement soumis à une forte dégradation suite aux effets conjugués des aléas climatiques et de la pression anthropique MEATEU, 2000).

Au Mali, avant les années 1970, ces galeries forestières étaient très abondantes et jouaient pleinement leur rôle de protection et de conservation de la diversité biologique (Karembe, 1996). Pendant ces dernières décennies, suite aux changements climatiques et l'accroissement de la population, elles sont de plus en plus convoitées en zone soudano - sahélienne pour l'agriculture (Karembe, 1996). Ces formations sont menacées de disparition au profit de l'agriculture malgré leur protection par le code forestier malien notamment la loi 10-028 (Articles 2, 3, 5, 10, 11, et 12). C'est ce qui explique aujourd'hui en partie la dénudation et le comblement de plusieurs cours d'eaux au Mali. Cependant, même si certains d'entre eux sont assez très étroits, il existe encore par endroit des reliques de galeries forestières au Mali.

Il s'avère donc nécessaire, pour une meilleure compréhension du fonctionnement de ces écosystèmes particuliers pour la protection et la conservation de la biodiversité, de les caractériser.

C'est ainsi, dans le souci constant de conserver et d'utiliser durablement la diversité biologique au profit des générations présentes et futures, il a été initié, par la Faculté des Sciences et Techniques de Bamako un projet de recherche sur la thématique « caractérisation des galeries forestières des rivières du Mali-Ouest ». C'est dans ce cadre que se situe le présent mémoire d'Ingénieur de fin de cycle.

Le présent mémoire comporte cinq parties. La première partie porte sur l'introduction, la seconde décrit le milieu d'étude et la structure d'accueil. Nous présentons l'état des connaissances dans la troisième partie. Les études pratiques font l'objet de la quatrième partie et la dernière partie présente la conclusion et les recommandations de l'étude.

# 2. MILIEU D'ETUDE ET STRUCTURE D'ACCUEIL

## 2.1. Milieu d'étude

Les activités pratiques de notre étude ont été réalisées dans les galeries forestières de deux rivières (Bafing et Falemé) tous dans la Région de Kayes dont la Falémé dans le cercle de Kéniéba et Bafing à cheval entre les cercles de Kéniéba et Kita (Figure 1). Pour le site de la Falémé nous avons exclusivement travaillé dans le cercle de Kéniéba et pour le Bafing, nous avons travaillés dans les deux cercles (Kita et de Kéniéba). La carte de localisation des sites est illustrée par la figure 1.

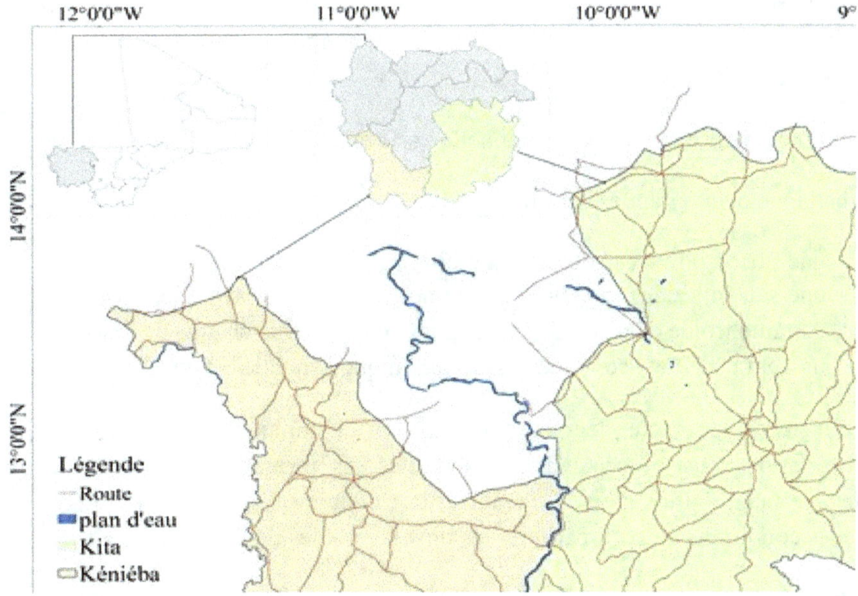


***Figure 1. Carte de localisation des deux sites***

### 2.1.1. Cercle de Kéniéba (site de la Falémé)

Le cadre physique du cercle de Kéniéba englobe sa situation géographique, son climat, son relief, ses sols, son réseau hydrographique, sa végétation, sa flore et sa faune.

#### 2.1.1.1. Situation géographique

Créée par la loi N°99-035 du 10 août 1999 portant création des collectivités territoriales de cercles et de régions; le cercle de Kéniéba est situé au sud de la région de Kayes et couvre une superficie de 16 800 km$^2$ avec une densité moyenne d'environ 12 habitants/km$^2$. Il est limité au nord par les Cercles de Bafoulabé et Kayes ; au sud par la République de la Guinée Conakry ; à l'ouest par le Sénégal et à l'est par le Cercle de Kita. Il se compose de six exarrondissements (Dialafara, Dombia, Faléa, Faraba, Kassama et Kéniéba) et de douze communes (Bayé, Dabia, Dialafara, Dombia ; Faléa, Faraba, Kassama, Kéniéba, Kouroukoto, Guénégoré, Sagalo et Sitakily). Enfin, le Cercle de Kéniéba à 618 Km de frontière avec le Sénégal et la Guinée-Conakry.

#### 2.1.1.2. Climat

Le climat est du type pré-guinéen avec une moyenne pluviométrique annuelle oscillant entre 900 et 1200mm. Au cours de la décennie 2000-2011, la hauteur maximale de pluviométrie enregistrée était de 1483 mm. En 2012 il a enregistré 1291,6 mm en 105 jours à la station météorologique de Kéniéba. L'humidité relative de l'air varie entre 65% max et 37% min.

L'amplitude thermique moyenne annuelle varie entre 13 et 14°c.

On distingue deux, grandes saisons :

- une saison pluvieuse de juin à octobre ;
- une saison sèche : plus longue, de novembre à mai avec deux variantes : une variante froide de novembre à février et une variante chaude de mars à mai avec un vent chaud et sec. L'amplitude thermique annuelle est de 13°c.

Le climat est en nette dégradation sous l'effet cumulé des activités humaines (déforestation abusive, orpaillage sous toutes ses formes, systèmes de culture et d'élevage inappropriés etc.). Cependant, le Cercle de Kéniéba est le plus arrosé et offre les conditions agro climatiques les plus favorables de la région de Kayes.

En effet, le climat est de type Soudano-Guinéen. Les vents dominants sont la mousson (EstOuest) et l'harmattan (Nord-Sud). La pluviométrie atteint 1200 mm/an au sud et 900 mm/an au Nord. Toutefois le Cercle est arrosé d'une part, par les affluents du fleuve Sénégal :

Le Bafing, constituant la frontière naturelle avec le Cercle de Kita ;

La Falémé avec ses deux affluents (le Djollo et le Taya) au Sud et à l'Ouest du Cercle.

#### 2.1.1.3. Relief

Il est caractérisé par deux grands ensembles.

Les chaines de montagnes de Tambaoura : elles sont le prolongement des massifs du Fouta Djallon. Elles sont caractérisées par des blocs géants de grés fins et grossiers, de roches métamorphiques éjectées à la surface du globe terrestre par des mouvements tectoniques. Le sommet de la falaise est occupé par des glacis aux sols pauvres et lessivés.

Le bassin versant du Tambaoura : Intercalé entre le massif et la Falémé, il est le domaine des terres fertiles (plaines, bas-fonds, les vallées etc.), ce bassin est également le domaine de l'orpaillage et sa dégradation se fait de façon exponentielle. D'autre part, il y a de nombreux marigots avec des retenues d'eau temporaires allant de juillet à avril.

#### 2.1.1.4. Sols

Le climat et la diversité du relief caractérisent les types de sols.

Les sols gravillonneurs lessivés : ceux sont les sols des glacis et des flancs de montagnes. Leur cycle d'exploitation agricole va de trois à quatre années. Ils sont sablo-argileux grâce à la dégradation des blocs de gré fins et des roches latéritiques. Les plaines constituent l'essentiel des terres aménageables. Elles se subdivisent en deux groupes de sol :

Les sols argilo-sableux : Ils se localisent dans les plaines, vallées et bas-fonds et sont favorables à la riziculture pluviale. Ils sont localisés le long des cours d'eaux et des dépressions. Leur fertilité se caractérise par le dépôt progressif de débris végétaux et des sédiments à leur surface.

Les sols sablo-argileux : Ils renferment beaucoup de limons, de débris végétaux en décomposition et de nombreux micro-organismes. Ils sont soumis au type d'exploitation sur brûlis et sans mesure de protection tel que le système de défense et restauration des sols (DRS, brise vent). Ils sont propices à la production céréalière (maïs, sorgho, arachide, mil, fonio etc.).

#### 2.1.1.5. Réseau hydrographique

Le Cercle de Kéniéba est l'un des Cercles les mieux arrosés de la région de Kayes. Il est traversé par deux grands affluents du fleuve Sénégal (prenant leurs sources dans les massifs du Fouta Djallon) à savoir :

Falémé : Il est issu de la fusion de deux rivières, l'une venant du territoire de la Guinée et l'autre servant de frontière naturelle entre la Guinée et le territoire de Faléa au sud-est. Ses principaux affluents sont : le Djollo, le Taya, le Bamba, et le Goumbo. Une multitude de marigots y déversent leurs eaux.

A la différence du Bafing, la Falémé tarit par endroit en saison sèche. Il sert de frontière entre le Cercle de Kéniéba et la république Sénégalaise.

La rivière Falémé est une rivière d' Afrique de l'Ouest . Le Falémé prend naissance dans le nord de la Guinée et coule dans une direction nord-nord-est vers le Mali , formant une courte portion de la frontière entre la Guinée et le Sénégal . Il tourne vers le nord puis forme une partie de la frontière entre le Mali et le Sénégal , avant de rejoindre le fleuve Sénégal à 50 km en amont de la ville de Bakel au Sénégal.

La rivière Falémé mesure environ 650 km de long et draine un bassin de 28 900 km$^2$. Sa source se trouve dans la partie nord des hauts plateaux du Fouta Djallon à une altitude de 800 m. La plupart des précipitations sur les hauts plateaux se produisent entre mai et octobre en raison de la mousson ouest-africaine . Août est normalement le mois le plus humide. Le débit de la rivière est très saisonnier, le maximum se produisant en septembre et très peu de débit entre décembre et juin.

#### 2.1.1.6. Végétation

Elle est diversifiée lorsqu'on quitte le nord vers le sud du Cercle. On distingue trois grands types de formation végétale :

La savane arborée : Elle est caractérisée par des espèces de taille moyenne, d'arbustes, de buissons et de quelques grands arbres parmi lesquels on distingue : le karité, le néré, le caïcedra, le kapoquier et le vène. Ces espèces sont parsemées dans le paysage.

La savane boisée : La densité de peuplement est forte sur les flancs des montagnes et le long des cours d'eaux. Les espèces couramment rencontrées sont : le santan (Daniella oliveri), Cola cordifolia, les bosquets naturels de veine, de bambou et d'autres essences.

La forêt galerie ou forêt claire : La densité de peuplement est plus forte le long des cours d'eaux, on distingue des forêts denses de rafia surmontés de ficus géants. Il existe aussi des forêts bambou, et de vène, de nombreuses variétés de lianes. Les flancs de montagnes se caractérisent par des galeries compactes de bambou et de grands arbres. Le couvert herbacé est bien fourni. Certaines espèces ligneuses sont soumises à une forte pression anthropique. La flore : L'abondance de la biodiversité constitue un patrimoine socioculturel et économique très important dans le Cercle de Kéniéba. On distingue trois niveaux de flore : les ligneux, les herbacés et les aquatiques.

Les ligneux : Il s'agit d'arbres et arbustes dont la tige a la consistance du bois, grâce à la lignine qu'elle contient. Les plus rependus sont : Le karité, Daniella Oliveri, kapokier, tamarinier, néré, Cola cordifolia, Afzelia africana, Perocarpus erinaceus, baobab, Carapa procera, Raphia soudanica, fromagers, Khaya senegalensis, forêts naturelles de rônier, bambou, etc.

Le couvert herbacé se compose de hautes pailles : Cymbopogon giganteus, Andropogon gayanus, Imperata cylindrica, Adropogon pertisus, Digitaria, Pastalum virgatum.

La flore aquatique : Le Diga dans les terres inondées, les nénuphars dans les mares et eaux douces, les phytoplanctons dans les cours d'eaux pour l'alimentation partielle des alevins et poissons. Cette flore abondante et variée joue un rôle considérable dans la protection et l'enrichissement des sols.

Les principaux secteurs d'exploitation des ressources forestières sont : le bois d'œuvre, le bois de chauffe, le charbon de bois, l'apiculture, les produits de cueillette, etc.

**2.1.1.7. Faune**

Le cercle de Kéniéba est considéré comme la zone de retranchement de certaines espèces en voie de disparition au Mali (élan de Derby, chimpanzé). Mais la pression anthropique (déboisement des gîtes, braconnage avec des troupes de chiens, feux de brousse et autres formes), le tarissement précoce des points d'eaux etc. poussent certaines espèces à migrer dans les réserves de faunes transfrontalières du Sénégal et de la Guinée. Dans la zone, il existe de nombreux petits gibiers : les phacochères, les cynocéphales, les vervets, les patas, les lièvres, les antilopes, les biches, les aulas codes, les rats et autres. Les reptiles les plus fréquents sont : les tortues terrestres et d'eaux douces, les varans de la savane et du Nil, les caïmans, les pythons.

Notons qu'il existe encore quelques espèces intégralement protégées comme les chimpanzés et les panthères, des espèces partiellement protégées : lions, hippopotames. La faune aviaire est dominée par les charognards, corbeaux, pintades, canards armés, francolins, aigles pêcheurs et de nombreux oiseaux granivores. L'ichtyo faune est composée de : silure, capitaine, carpe, poisson Electric, poisson chien. Toutes les espèces sont soumises à une surexploitation telle que certaines sont menacées de disparition.

Les aires protégées : D'après le cantonnement forestier de Kéniéba (2011), il existe des aires protégées

Le sanctuaire des chimpanzés du Bafing avec comme superficie : 67 200 ha, créée selon le décret N°199/P-RM du 22 avril 2002. Il est à cheval entre la commune de Bayé et celle de Kouroukoto ;

Le parc national du Wongo : Superficie : 53 499 ha, crée selon la loi N°02-003 du 16 janvier 2002. Il est situé dans la commune de Bayé

Le parc national du Kouroufing, superficie : 55 770 ha crée selon la loi N°02-003 du 16 janvier 2002.

Et des mises en défens : elles sont réalisées dans les communes de Faléa et Faraba. Leurs superficies varient entre 40 et 800 ha (projet d'appui à la gestion intégrée des ressources naturelles : AGIR).

#### 2.1.1.8. Exploitation minière

Il existe des gisements de minerai de fer au Sénégal près des eaux d'amont de ce fleuve. Du coté malien (rive droite de la Falémé) nous rentrons plusieurs sites d'exploitations (B 2GOOL) à Fékola, Manankoto et l'orpallaige traditionnel est l'activité principale des populations riveraines de la Falémé (rive droite partie malienne). Plus récemment, il y a eu une ruée vers l'or autour du village de Mahinamine et Kéniéba au Mali et très près de la frontière sénégalaise.

### 2.1.2. Cercle de Kita (Site de Bafing)

#### 2.1.2.1. Situation Géographique du cercle de Kita

Le cercle de Kita est créé par la N°99-035 du 10 août 1999 portant création des collectivités territoriales de cercles et de régions .Le cercle de Kati est situé dans la partie sud-Est de la région de Kayes. Il est compris entre les 14$^{ème}$ et 18$^{ème}$ degré de la latitude Nord, les 10$^{ème}$ et 18$^{ème}$ degré de longitude Ouest. Il couvre une superficie de 35 250 km$^2$.

Situé dans la partie Ouest du Mali, le cercle de Kita fait partie de la première région administrative et économique du Mali. Elle se trouve à 185 km environ de Bamako et à 300 km environ de sa capitale régionale qu'est Kayes.

En effet, le cercle de Kita couvre une superficie de 35 250 km2. Il est limité :

- Au Nord par les cercles de Diéma et de Nioro,
- Au Sud par la République sœur de Guinée (Conakry),
- À l'Est par les cercles de Kati et de Kolokani,

- Et à l'Ouest ceux de Bafoulabé et de Kéniéba.

#### 2.1.2.2. Relief

Le relief est caractérisé fondamentalement par les plaines et les plateaux. C'est pourquoi il faut remarquer le plateau de Kandioura à l'Est et la colline de Kita Kourou à l'Ouest qui culmine à 5 m de part et d'autre d'une plaine centrale, les plateaux de Boudofo et de kéniéroba au Nord et au Sud le plateau de Saint Vierge Marie (Site de pèlerinage des chrétiens catholiques). Les plaines représentent les lieux de cultures.

#### 2.1.2.3. Climat et Végétation

On y retrouve deux types de climats :

- Au Nord, un climat de type sahélien caractérisé par une courte saison pluvieuse de 3 à 4 mois ; les précipitations y sont de 500à 700 mm de pluies par an ;
- Au sud, une nuance soudanienne avec une longue saison des pluies allant de 5 à 6 mois et des précipitations abondantes variant entre 1000 et 1200 mm par an.

La végétation est à l'image de cette différence de climats : au Sud, c'est la savane arborée (tels que le caïlcedra, le néré, le fromager, le karité etc.) alors qu'au Nord, la végétation est type steppique. De cette flore variée sont tirées plusieurs essences dont le fameux « quinquéliba » de Kita qui a une grande réputation à travers tout le pays.

La faune est caractérisée par l'existence des petits gibiers comme les antilopes, les lièvres etc.

#### 2.1.2.4. Sols

Les sols constitués principalement de sols suivants : sols argileux, sableux et gravionnaires.

#### 2.1.2.5. Hydrographie

Sur le plan hydrographique, le cercle de Kita appartient au bassin versant du fleuve Sénégal. Il est arrosé par ses affluents dont le Bafing (site d'étude) et le Bakoye.

Le réseau hydrographique est de même constitué par les cours d'eau saisonnières par exemple les marigots « foloni » qui traverse la ville de Kita, « Damala » à l'est de la ville. S'ajoutent à ceux-ci la source de « Djicoroni » près du centre de santé de référence et le « térénaconi ».

Les puits et les forages sont également du réseau hydrographique.

Bafing : Il sert de frontière naturelle entre la Guinée (commune de Sagalo) d'une part et entre le Cercle de Kéniéba et celui de Kita d'autre part. Ses principaux affluents sont des rivières permanentes : Niariya, Fari wole, Galama wourodji, et nombreux marigots. Le Bafing et ses affluents sont très poissonneux. Cependant il n'est pas navigable, mais des points de traversée par pirogue existent par endroits. (Nous avons travaillés sur la partie Kita du Bafing).

### 2.1.2.6. Traits économiques

Les activités économiques dans le cercle de Kita sont basées essentiellement sur trois (03) secteurs à savoir :

- le secteur primaire : ce secteur constitue la principale source de revenu des populations. Il concerne l'agriculture, l'élevage et le maraîchage.

L'agriculture est axée sur les cultures vivrières avec comme spéculations le mil, le riz, le sorgho, le maïs, le haricot etc., les cultures de vente c'est à dire industrielles telles que le coton et l'arachide. Les tomates, les oignons sont des exemples d'espèces cultivés dans le domaine du maraîchage.

Le cheptel est composé de bovins, d'ovins, de caprins, d'ânes, d'équins, de porcins et de volailles.

- le secteur secondaire : est représenté par les usines de la CMDT, l'usine de production de la patte d'arachide, l'HUICOMA où bon nombre de jeunes sont employés. Nous constatons aussi une petite industrie alimentaire représentée par quelques boulangeries.  le secteur tertiaire : ce secteur englobe le commerce, l'artisanat, le tourisme, le transport, l'art et la culture. A côté de ces activités, il faut noter que les produits de cueillette (néré, karité, mangue etc.), les exploitations forestières, les arboricultures et autres activités prennent une place indéniable dans l'économie du cercle.

### 2.1.2.7. Aspects socio-culturels

La structure sociale est caractérisée par la division de la société en nobles et en homme de caste avec la présence des griots par excellence.

Les religions musulmane, chrétienne et animiste se côtoient mais l'islam est très largement prédominant suivi du christianisme.

Les ethnies majoritaires sont par importance les malinkés, les kasonkés, les sarakolés, les peulhs, les bambaras etc…

Les langues parlées sont le malinké, le sonikė, le bamanakan, le fulfuldé, le français etc. Le tissu social est dominé (marqué) par la solidarité, les liens de consanguinité, de mariage, de cousinage et de travail, l'entraide, et la cohésion sociale.

Il faut de même reconnaître que le cercle de Kita est riche en manifestations folkloriques et culturelles à l'image du balafon malinké etc…

D'autre part, les groupements socio culturels et économiques sont à pied d'œuvre notamment les associations villageoises, la CAFO, les sociétés coopératives et mutualistes.

### 2.2. Structure D'accueil

J'ai été accueilli pour ce stage dans le Laboratoire d'Ecologie Tropicale (LET) du Département d'Enseignement et de Recherche (DER) de biologie de la Faculté des Sciences et Techniques (FST) de l'USTTB.

#### 2.2.1. Faculté des sciences et techniques

La Faculté des Sciences et Techniques a été créée par la Loi N° 93-362-060 du 08 septembre 1993. Elle devient fonctionnelle par le décret N° 96-362/P-RM du 30 décembre 1996. Elle a pour missions de :

- former des cadres moyens et supérieurs dans les domaines des sciences et techniques ;
- mener la recherche dans les sciences fondamentales et appliquées ;
- préparer des candidats pour les concours d'entrée dans les grandes écoles tels que l'Ecole Nationale d'Ingénieurs (ENI), l'Ecole Normale Supérieure (ENSup) et l'Institut Polytechnique Rural, de Formation et de Recherche Appliquée (IPR/IFRA) de Katibougou.

Pour réussir ses missions, la Faculté des Sciences et Techniques est organisée en 6 Départements d'Enseignement et de Recherche (DER) qui sont : les DER de biologie, de chimie, de géologie, de physique, de mathématique et de l'informatique.

Parmi les missions de recherche que mènent ladite Faculté particulièrement le DER de biologie, nous avons les recherches sures :

- l'amélioration et la domestication des espèces végétales d'intérêt médical et alimentaire ;
- la fertilisation du sol ;
- le contrôle de qualité alimentaire ;
- la gestion et cartographie des ressources naturelles ;
- la mise au point des méthodes de lutte chimique contre les mouches de mangue
- le paludisme, le VIH/Sida.

### 2.2.2. Laboratoire d'Ecologie Tropicale (LET)

Laboratoire d'Ecologie Tropical est une structure mixte entre l'Institut Polytechnique Rural de Formation et de Recherche Appliquée (IPR/IFRA) de Katibougou qui abrite l'unité de base et la Faculté des Sciences et Techniques (FST) de Bamako qui abrite la seconde unité. Dans ce laboratoire, plusieurs thèmes de recherche sont en cours d'exécution. Il s'agit, entre autres de :

- effet du feu et de la pâture sur la végétation ligneuse en fonction du gradient climatique (zone soudano-sahélienne, zone soudanienne et zone soudano-guinéenne). impact des pressions anthropiques sur la flore et la végétation ligneuse dans la réserve de biosphère de la boucle du Baoulé (OPNBB) au Mali Cas de la réserve de Badinko. étude de la biodiversité végétale des formations des galeries forestières des rivières du Mali Sud.
- caractérisation de diversité biologique végétale des galeries forestières du fleuve Sénégal au Mali.
- effet du changement climatique sur la dynamique des ressources naturelles dans le Gourma malien : Cas du bassin de la mare d'Agoufou.
- impact des changements climatiques sur l'évolution du système d'élevage transhumant au Mali : Cas de Diéma et Nioro dans la région de Kayes.
- effet du gradient climatique et de l'action de l'homme sur la production pastorale dans les zones pré guinéenne, soudanienne et sahélienne au Mali.
- la surveillance environnementale dans les observatoires OSS/ROSELT du Mali.

Par ailleurs, le Laboratoire d'Ecologie Tropicale (LET) entretient des relations de travail avec de nombreux laboratoires, institutions et Universités. Il a des relations de coopération avec l'Institut d'Economie Rurale (IER), l'Institut de Recherche pour le Développement (IRD), l'USAID, la Direction Nationale des Eaux et Forêts (DNEF), la Chaire UNESCO pour l'Environnement, l'Université des Lettres et des Sciences

Humaines de Bamako, l'Université de Diffa au Niger, les Universités de Colorado, de Californie, d'Arizona et Sud Dakota des Etats-Unis d'Amérique.

# 3. ETAT DE CONNAISSANCES

Il ressort de la revue documentaire que de nombreuses publications ont été faite sur la dynamique des formations végétales.

Selon Van der Maarel (1988), la dynamique de la végétation aborde divers aspects: perturbations, fluctuations, périodicité, régénération et succession. Le terme succession désigne le processus de colonisation d'un biotope par des êtres vivants et les changements dans le temps de la composition floristique et faunique d'une station après qu'une perturbation ait détruit partiellement ou totalement l'écosystème préexistant (Lepart et Escarré, 1983).

Lepart et al. (1994) ont fait des synthèses bibliographiques et des recherches sur la dynamique de la végétation. Le terme<< perturbation>> a été défini par plusieurs auteurs, dont Grime (1979), Pichet et White (1985) et Blondel (1986). Une perturbation est un événement localisé qui endommage, déplace ou tue un ou plusieurs organismes, créant ainsi une occasion de colonisation pour de nouveaux organismes (Blondel 1986). Pour Grime (1979), une perturbation est un mécanisme qui cause la destruction plus ou moins complète de la biomasse. Picket et White (1985) définissent la perturbation comme étant un évènement qui change les ressources ou le substrat physique d'écosystèmes, de communautés ou de populations. D'après Cléments (1916), deux modalités de succession peuvent être décrites : la succession primaire et la succession secondaire. La première correspond à la dynamique d'occupation d'un espace à substrat nu par les êtres vivants, et la seconde au processus de cicatrisation (Godron et Poissonet, 1972) c'est-à-dire de reconstitution de la végétation après destruction totale ou partielle d'une communauté préexistante. Cette dernière englobe, entre autres, la perturbation anthropique des galeries des rivières, objet de la présente étude en zone Mali-Ouest. Le système d'exploitation actuel des ressources forestières notamment végétales fait qu'en zone Mali-Ouest, les galeries sont en voie de disparition suite à la pression agricole induite par la culture extensive notamment du coton et l'exploitation minière artisanale de l'or (orpaillage) auxquelles s'ajoutent les changements climatiques.

La végétation des galeries a fait l'objet de plusieurs études dans divers pays de l'Afrique centrale et occidentale donc le Mali.

- En Afrique centrale :
- Kabongo (2007), a élaboré un guide opérationnel à travers une étude sur les Normes de stratification forestière. Il présente les principaux types forestiers

existants au Congo. Selon lui, il convient de signaler comme essences caractéristiques des forêts marécageuses périodiquement inondées Baphia dewevrei, Baikiaea robynsii et Beilschmedia corbisieri.

- Nizigidahera (2000), dans le cadre d'une analyse de la diversité biologique végétale nationale, trouvait que sur toute l'étendue du Burundi, la combinaison à la fois des terres fermes et des terres aquatiques est signe incontestable d'une diversité des écosystèmes terrestres et aquatiques, riches en flore et en faune. Il a conclu que les zones marécageuses, les différents cours d'eau, les étangs et les lacs induisent une variation écosystémique importante sur une grande étendue de terre ferme. De même, il a identifié les espèces des galeries forestières. Il soutient qu'à proximité des cours d'eau de Ruwiti jusqu'à Bagundi, les essences diminuent suite à l'agriculture.
- En Afrique occidentale :
- TRAORE. L (2016) a travaillé sur la Caractérisation des formations de galeries forestières des rivières du Sud au Mali, l'auteur a recensé, 211 espèces végétales, 50 familles et 136 genres sur 3 rivières étudiées (Sankarani, Bagoé et Baoulé).
- Bellem (2008), a étudié les caractéristiques, la dynamique et l'ethnobotanique des galeries forestières de la réserve de la biosphère de la mare aux hippopotames au Burkina Faso. Au terme de l'étude, l'auteur a répertorié huit (8) galeries forestières distinctes par leur physionomie. Au total il a été recensé 349 espèces dont164 ligneuses et 185 herbacées, reparties en 73 familles et 210 genres.
- Selon Bellem (op.cit), les Légumineuses et les Poaceae constituent les groupes dominants.
- Muller et al, (2012), ont étudié la répartition des espèces selon leur exigence en eau dans quinze sites de la rive d'un cours d'eau au Nord-Ouest du Benin. Les sites proches de la rivière étaient dominés par les espèces exigeantes en eau. Il s'agit d'espèces de galerie telles que Syzygium guineense, Garcinia ovalifolia, Berlinia grandiflora et Breonardia salicina. Par contre, les sites éloignés étaient caractérisés par les espèces de savane telles que Terminalia laxiflora, Hymenocardia acida, Detarium microcarpum et Burkea africana.
- Adjanohoun et al. (1989), ont réalisé des études ethnobotaniques et floristiques dans les galeries au Burkina Faso, en Côte d'Ivoire, au Mali et au Benin. Au cours des études ethnobotaniques et floristiques du Benin, ils ont noté que les forêts riveraines et les galeries forestières sont rencontrées sur l'ensemble du territoire national et les forêts riveraines sont régulièrement réparties le long des cours d'eau permanents. Au Mali, en Côte d'Ivoire et au Cameroun, ils ont utilisé le "savoir paysan" pour analyser et comprendre les systèmes villageois

de dénomination et de reconnaissance des espèces végétales. Ils ont discuté le système taxonomique Malinké et comparer la démarche utilisée par deux autres groupes ethniques : les Bambaras du Mali (Adjanohoun et al. 1981) et les Peuls du Cameroun (Tourneux et Daïrou, 1998). Leur étude a concerné les plantes à usage médicinal dont l'importance pour le monde tropical est largement reconnue. Il ressort de leur étude que la médecine traditionnelle soulage plus de 70% des populations du tiers-monde (Malaisse, 1992) et 80% des populations africaines.

- Olivier et al. (1997), ont identifié dans les galeries forestières dans les provinces de la Comoé et du Kénédougou à l'Ouest du Burkina Faso 78 espèces, réparties en 68 genres et 41 familles. Ces auteurs ont souligné que ces plantes sont utilisées dans l'alimentation, la médecine traditionnelle, l'artisanat, les coutumes et les traditions. Ils ont noté auprès des chasseurs Dozo, 193 recettes et usages pratiques et identifié des espèces à forte valeur cosmétique dans la zone.
- Birnbaum (2013), a souligné que la biodiversité d'une région ne se réduit pas au nombre de ses espèces mais que la diversité des milieux et des habitats est tout aussi fondamentale pour la conservation des espèces et le développement des populations.
- Bellefontaine et al, (1997), ont distingué deux grands types de galeries en fonction de la taille du réseau hydrographique qu'elles frangent. Les galeries forestières des fleuves Niger et Sénégal sont caractérisées par Cynometra vogeleii et Garcinia livingstonei avec une hauteur moyenne inférieure à 12 mètres, et bon nombre de végétaux qui les composent sont adaptés à l'inondation. Les galeries forestières des marigots, caractérisées par Berlinia grandiflora, Vernonia colorata, Cola laurifolia sont généralement plus hautes et peuvent atteindre 20-25 mètres et très rarement inondées. Les galeries qui colonisent les berges des marigots dans la partie nord du Centre régional d'Endémisme soudanien Bellefontaine et al, (1997), sont caractérisées par des espèces qui ne sont pas réellement des ripicoles mais des espèces de savanes ou de forêt claire qui « migrent » vers le lit mineur au fur et à mesure que baisse la pluviométrie. Ce sont entre autres, Bombax costatum, Daniellia oliveri, Diospyros mespiliformis, Lannea microcarpa.

Au terme de cette revue bibliographique, il ressort clairement que peu de travaux ont été menés sur la caractérisation des galeries forestières des rivières à l'Ouest du Mali. C'est dans ce contexte que la présente étude a été menée sur le thème « Caractérisation des galeries forestières des rivières du Bafing et de la Falemé dans la région de Kayes au Mali ».

# 4. ETUDE PRATIQUE

## 4.1. Objectifs de l'étude

### 4.1.1. Objectif général

L'objectif général de la présente étude est de contribuer à l'amélioration des connaissances de la diversité des ressources végétales des rivières du Mali.

### 4.1.2. Objectifs spécifiques

Pour atteindre cet objectif général, nous nous sommes fixés les objectifs spécifiques suivants :

- comprendre la perception des populations sur l'état des galeries forestières de la Falémé ;
- déterminer la variation de la structure de la végétation des galeries forestières de la Falémé et du Bafing ;
- déterminer la composition floristique et la diversité ligneuse des galeries forestières de la Falémé et du Bafing ;
- déterminer la diversité floristique et la production du tapis herbacé de la rivière de Bafing.

## 4.2. Matériel et méthodes

### 4.2.1. Matériel

Pour la réalisation de ce travail, le matériel utilisé était constitué du matériel végétal et de matériel technique.

#### 4.2.1.1. Matériel végétal

Les formations ligneuses et herbacées de galerie et hors galerie (champs et jachères) rencontrée dans la zone d'étude ont constitué le matériel végétal de la présente étude.

#### 4.2.1.2. Matériel technique

Dans le cadre de notre étude, nous avons utilisé les matériels techniques ci-après :

- des fiches d'enquête pour la collecte des informations sur le terrain ;
- une carte topographique de coordonnées UTM pour l'orientation sur le terrain ;

- un GPS pour prendre les coordonnées géographiques des placettes ;
- des cartes de végétation des galeries et hors galeries de la zone d'étude ;
- des ficelles et des piquets pour déterminer les placettes ;
- un ruban métrique de 50 m pour délimiter l'aire minimale ;
- des fiches de relevé phytoécologique pour la collecte des données sur la végétation ;
- un placeau métallique de 0,50m x 0,50m pour le prélèvement de la biomasse herbacée ;
- des faucilles pour couper la biomasse herbacée ;
- une balance électronique à haute précision pour la pesée de la biomasse herbacée;
- un appareil photo pour la prise des vues ;
- un ordinateur portable pour la saisie, le traitement et l'analyse des données et la rédaction du mémoire.

### 4.2.2. Méthodes

L'approche méthodologique adoptée pour la mise en œuvre de l'étude s'est effectué en 4 phases :

- une phase de revue documentaire ;
- une phase de collecte des données sur les sites d'étude ;
- une phase de saisie et traitement des données ; □ une phase de rédaction du Mémoire.

#### 4.2.2.1. Phase de la revue documentaire

Elle a consisté à la recherche bibliographique basée sur les travaux antérieurs réalisés en relation avec le thème d'étude. Il s'agit des ouvrages, des rapports, des mémoires et des publications scientifiques. La documentation du Laboratoire d'Ecologie Tropicale (LET), la bibliothèque de la Faculté des Sciences et Techniques (FST), la bibliothèque de la Direction nationale des Eaux et Forêts, la bibliothèque de l'IPR/IFRA de Katibougou, la bibliothèque nationale du Mali, la bibliothèque du CNRST de Bamako et les cybers pour internet ont servi de support pour faciliter la revue bibliographique.

Elle a aussi consisté à rencontrer des personnes ressources du domaine dont l'expérience et les conseils nous ont été utiles.

#### 4.2.2.2. Phase de collecte des données

Les données ont été collectées dans les zones de Kéniéba pour la Falemé et de Kita pour le Bafing. Elles ont eu lieux au cours des missions effectuées avec l'équipe du projet de Biodiversité du fleuve Sénégal dans le cadre des activités de la composante diversité des ressources biologiques végétales dudit projet. Les activités de la collecte de données sont décrites ci-dessous.

#### *4.2.2.2.1. Perception des riverains sur la dégradation des galeries de la Falemé*

Pour comprendre la perception des populations riveraines sur l'état de la dégradation des galeries, il a été procédé à une enquête socio-économique dans les villages à proximité des points de sondage pour la caractérisation des galeries forestières. Pour ce faire, il a été élaboré un questionnaire de collecte des données focalisé sur quatre axes principaux :

- l'identification des personnes interrogées ;
- la caractérisation de l'utilité des espèces de galeries ;
- la caractérisation de la dégradation des formations de galeries ;
- l'identification des actions pour lutter contre la dégradation des galeries forestières des rivières.

*Echantillonnage*

La technique d'échantillonnage adopté a été le type Snowball (désignation à partir du premier enquêté). Le principe d'application de cette technique est de choisir au hasard une première personne à enquêter en fonction des critères élaborés à priori et ce premier enquêté désigne ensuite le prochain à enquêter et ainsi de suite jusqu'à la fin de l'enquête (Meyer, 2018). Les critères de choix fixés à priori étaient :

- être ressortissant des villages riverains des sites de sondage ;
- être impliqué et/ou informé sur l'exploitation des ressources des galeries forestières ;
- avoir des connaissances sur l'importance des galeries forestières.

*Administration du questionnaire*

La technique d'administration adoptée a été l'interview individuelle des enquêtés des populations riveraines de la Falemé, afin de mieux cerner leur perception sur l'état des galeries forestières.

Ainsi en fonction du temps, de la disponibilité des enquêtés, de l'accessibilité des villages riverains et des ressources financières disponibles, le questionnaire a été administré à 35 personnes au cours de cette étude. Ces personnes interviewées étaient composées de 25 hommes et de 10 femmes. Parmi ces personnes interviewées, 9 avaient moins de 24 ans, 21 personnes avaient leur âge compris entre 25 et 64 ans. En outre, seulement 5 personnes parmi les enquêtés avaient leur âge $\geq$ à 65 ans.

***Figure 2. Photo de réalisation d'enquête sur le terrain (cliché réalisé à Mahinamine).***

*Source : Equipe LET, mai 2020.*

#### *4.2.2.2.2. Détermination de la composition et de la diversité ligneuse des galeries forestières du Bafing et de la Falémé*

La méthode de relevé phytoécologique a été adoptée pour la collecte des données. Pour ce faire, un transect perpendiculaire au courant d'eau a été installé au niveau de chaque site d'expérimentation constituant ainsi le dispositif de collecte de données (Figure 4). Chaque dispositif de collecte des données était constitué de trois parcelles unitaires ou bordières ($B_1$, $B_2$, $B_3$). Ainsi au total 30 relevés phytoécologiques ont été effectués dans la zone d'étude, soit 12 sur la Falémé et 18 sur le Bafing (Tableau1).

***Tableau 1. Répartition du nombre de placettes en fonction des rivières et leurs bordières.***

| Rivières | Nombre de transects | B1 | B2 | B3 | Total |
|---|---|---|---|---|---|
| Bafing | 6 | 6 | 6 | 6 | 18 |
| Falémé | 4 | 4 | 4 | 4 | 12 |
| Total | 10 | 10 | 10 | 10 | 30 |

Légende : B = Bordière. (B1, B2, B3).

- Bordière 1 : La bordure immédiate de la rivière à 0 m, c'est à dire la galerie proprement dite;
- Bordière 2 : Elle correspond à une distance de 100m de la galerie dite B1;
- Bordière 3 : La formation hors galerie distante de 100m du B2.

Source : KONATE, 2020.

Pour la mise en place des parcelles échantillons, la forme rectangulaire a été adoptée. Ainsi une superficie de 1000 m² soit 20mx50m a été délimitée pour chaque parcelle. Cette superficie représente l'aire minimale pour la végétation ligneuse (Gounot, 1969 cités par Yossi et al., 1996) dans la zone d'étude. Ainsi à l'intérieur de chaque parcelle échantillon, toutes les espèces ligneuses rencontrées ont été recensées et codifiées.

Pour identifier les espèces végétales sur le terrain, il a été utilisé des clés de détermination telles que : la flore du Sénégal (Berhaut, 1967), Arbres, arbustes et lianes des zones sèches d'Afrique de l'Ouest (Arbonnier, 2002) et le guide d'identification des arbres du Mali (Sacande et al., 2016). Les familles auxquelles appartiennent toutes les espèces rencontrées ont été déterminées.

La figure 3 illustre l'identification des espèces ligneuses sur les galeries de la Falémé.

***Figure 3. Photo d'identification et le pointage des espèces sur le site de la Falémé.***

Source : Equipe LET, mai 2020.

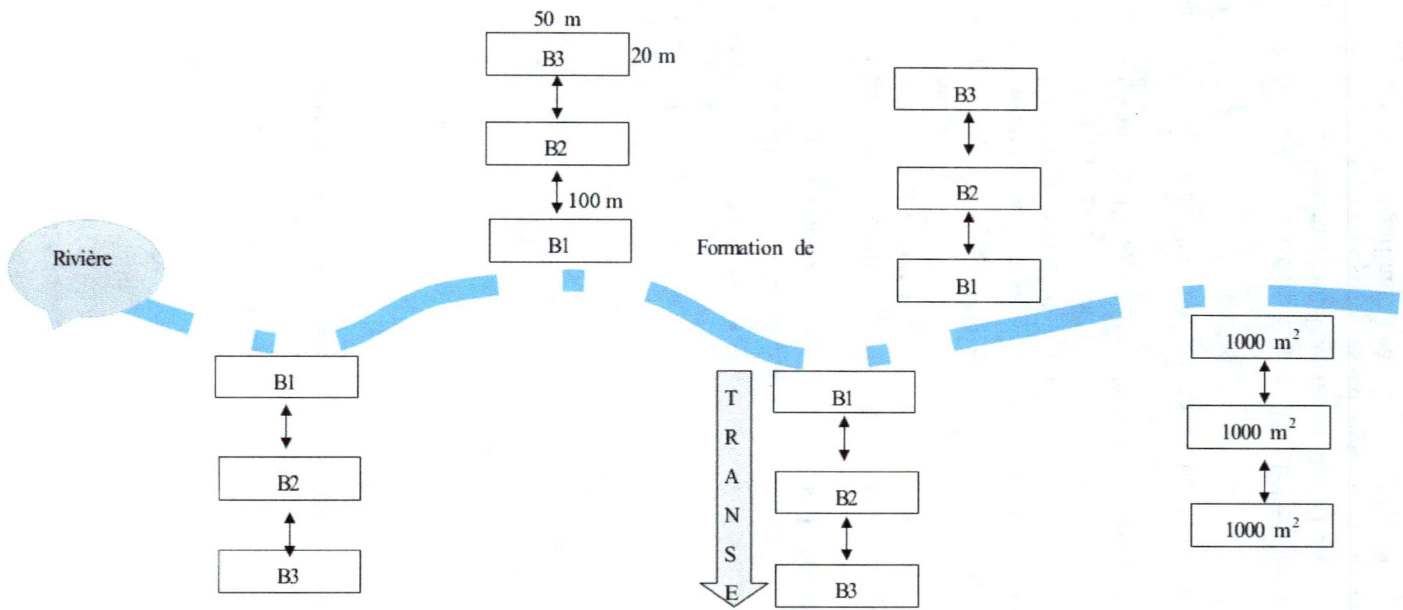


*Figure 4. Disposition des placettes sur le terrain.*

Légende : B= Bordière ;

- Bordière 1 : C'est la bordure immédiate de la rivière, c'est à dire la galerie proprement dite ;
- Bordière 2 : Elle correspond à une distance de 100m de la galerie dite B1 ;
- Bordière 3 : C'est la formation hors galerie, elle est située à 100m du B2

Pour la détermination de la diversité végétale ligneuse, à l'intérieur de chaque parcelle, des relevés ont été effectués sur la base d'une fiche codée mise au point à partir de la fiche IRCT/CIRAD (Le Bourgeois et Gérard, 1988). Il a été attribué, à chaque espèce recensée dans la parcelle, un coefficient abondance-dominance selon l'échelle de Braun-Blanquet (Gounot, 1969). La signification du code des coefficients abondance-dominance est rapportée dans le tableau 2.

***Tableau 2. Signification des coefficients abondance-dominance des espèces***

| Coefficient abondance-dominance | Signification |
|---|---|
| + | Espèce rare |
| 1 | Espèce couvrant moins de 1/20 de la surface du relevé |
| 2 | Espèce couvrant de ¼ à 1/20 de la surface du relevé |
| 3 | Espèce couvrant de ½ à ¼ de la surface du relevé |
| 4 | Espèce couvrant de ¾ à ½ de la surface du relevé |
| 5 | Espèce couvrant plus de ¾ de la surface du relevé |

Source : Le Bourgeois et Gérard, 1988.

Pour mieux appréhender la structure de la végétation des galeries, nous avons adopté la méthode de transect. Chaque transect est perpendiculaire à la rivière et long de 260m environ. Les informations à noter sur la fiche de relevé phytoécologique sont :

a) les facteurs du milieu (Paysage environnant, pente, distance par rapport au village (km), structure du sol, état de surface, nature du milieu proche, physionomie);
b) la flore (Type biologique, indice d'abondance-dominance, taux de recouvrement). Pour évaluer la diversité des galeries forestières, il a été utilisé les indices de diversité et d'équitabilité de Shannon (1948). Ces indices sont les plus utilisés dans la détermination du niveau de la diversité biologique (Dembélé, 1996). Sa formule est la suivante : $H' = -\Sigma$ pi log2 pi

avec H' = indice de Shannon (exprimé en bits) varie généralement de 0 à 5 ;
Pi = (ni / n)

- la fréquence relative des individus de l'espèce (i) ;
- (ni) est le nombre total des individus de l'espèce (i) ;
- (n) est le nombre total des individus de toutes les espèces
- et log2, le logarithme à base ;

- E= Indice d'équitabilité de Shannon

E= (-∑Pilog2Pi) /log2S = H'/log2S = H'/Hmax avec Log2S=Hmax

Où Pi est la fréquence relative de l'espèce i, log2= logarithme base 2 et S est le nombre total d'espèces.

Cet indice (E) varie de 0 à 1. L'équitabilité élevée est le signe d'un peuplement équilibré (Dajoz, 1985), c'est-à-dire toutes les espèces du peuplement ont la même abondance.

#### *4.2.2.2.3. Evaluation de la composition et de la richesse floristique des herbacées de la rivière Bafing*

La composition et la richesse floristique des herbacées ont été déterminées par la méthode d'inventaire. Pour ce faire, dans chaque parcelle unitaire, il a été délimité une aire minimale de 16 $m^2$ soit 8 m x 2 m (Karembé, 2001). Toutes les espèces herbacées présentent dans l'aire minimale ont été systématiquement recensées et codifiées.

Il faut noter que cette évaluation des herbacées n'a été effectuée que sur le long de la rivière Bafing.

#### *4.2.2.2.4. Evaluation de la production de biomasse du tapis herbacé du Bafing*

La production de la biomasse herbacée a été évaluée sur 2 transects soit 6 parcelles unitaires. Dans chaque parcelle unitaire, il a été prélevé 5 échantillons de biomasse à l'aide d'un carré métallique de 0,25$m^2$. Placé au hasard, toute biomasse herbacée sur pied à l'intérieur du carré métallique a été fauchée et pesée à l'état frais. Une faucille a été utilisée pour cette opération. Une balance électronique de haute précision (marge d'erreur ±2 mg) a été aussi utilisée pour la pesée de la biomasse herbacée. Au total, il a été prélevé 30 échantillons soit 15 par transect (T) et 5 par bordière (B) ou parcelle.

*Figure 5. Identification et pointage des espèces herbacées sur le site du Bafing.*

Source : Equipe LET, juillet 2020.

#### *4.2.2.3. Saisie, traitement et analyse des données*

La saisie a été rendue possible grâce à un ordinateur portable de marque acer type Virtual. L'analyse et le traitement des données phytoécologiques ont été effectués à l'aide d'un tableur de calcul Excel 2019. Les données d'enquête ont été analysées avec le Logiciel SPHINX.

Les tableaux et figures ont été utilisés pour l'analyse et l'interprétation des données.

## 4.3. Résultats et discussion

### 4.3.1. Résultats

Les résultats de la présente étude portent sur :

- la perception des populations sur l'état des galeries forestières de la Falémé ;
- la variation de la structure des formations de galeries du Bafing et de la Falémé;
- la composition et la diversité floristique ligneuse du Bafing et de la Falémé ;
- la diversité floristique et la production du tapis herbacé de la rivière Bafing.

#### 4.3.1.1. Perception de la population sur l'état des galeries de la Falémé

***a. Structure des personnes enquêtées***

La figure 6 illustre la répartition des personnes enquêtées par tranche d'âge.

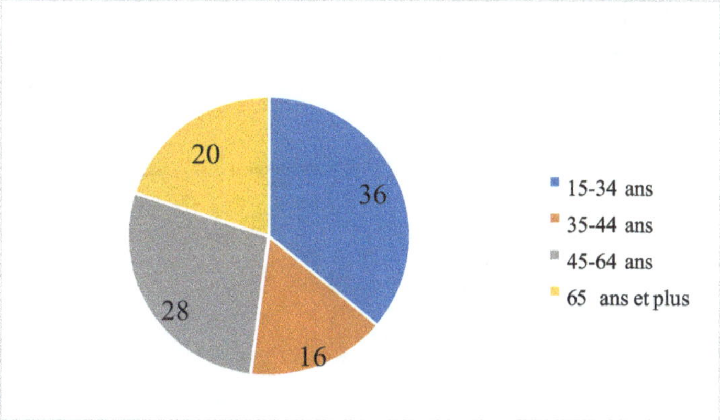


***Figure 6. Répartition en pourcentage des personnes enquêtées par tranche d'âge.***

Il ressort de l'analyse et de l'observation de la figure que 52% des personnes enquêtées sont jeunes. La tranche d'âge de 15-34 est représentée majoritairement avec 36% contre 16% pour la tranche de 35-44 ans. Les personnes ayant entre 45 et 64 ans représentent 28% contre seulement 20% pour les plus âgés ; c'est-à-dire la tranche d'âge 65 ans et plus.

Les personnes interviewées sont ceux qui ont donc l'âge de pouvoir bien mener leurs activités quotidiennes dans les galeries. Elles sont riveraines et toutes en pleines activités dans les galeries. Cela est un choix délibéré dans le cadre de la présente étude. C'est pour avoir, en fait, la perception des personnes qui interviennent réellement dans les galeries. Elles ont été interviewées toutes sur le long de la Falémé où les galeries forestières sont sous forte pression anthropique, à cause de l'exploitation minière (orpaillage).

***b. Dégradation des galeries forestières de la Falémé***

La figure 7 illustre la perception des personnes enquêtées sur la dégradation des galeries de la Falémé au cours des 10 dernières années.

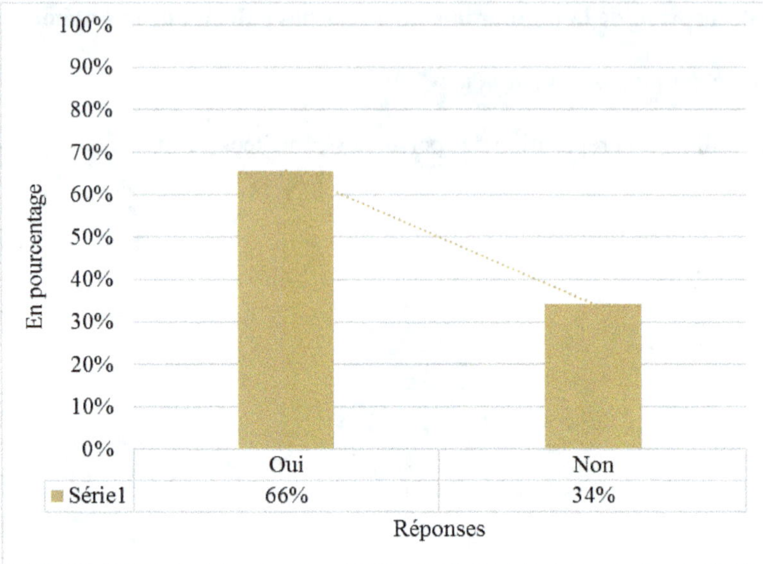


***Figure 7. Perception des personnes enquêtées sur la dégradation des formations de galeries de la rivière Falémé au Mali***

Il ressort de l'analyse de données d'enquêtes que 66% des personnes interrogées ont constaté la dégradation de la végétation bordant la Falémé durant les 10 dernières années. Par contre 34% des personnes interrogées n'ont pas perçu cette dégradation des galeries de la Falémé durant ces 10 dernières années.

A la lumière des histogrammes de cette figure, nous pouvons aisément conclure que les galeries forestières sont sous les effets néfastes des facteurs anthropiques.

### *c. Causes de la dégradation des formations de galeries de la Falémé*

Selon les personnes riveraines interrogées de la Falémé, les principales causes de la dégradation des formations bordières de la Falémé sont plus anthropiques que climatiques. Il s'agit de la déforestation, de l'orpaillage, du surpâturage, de la pression démographique, le feu de brousse et des vents violents (Cf. Figure 8).

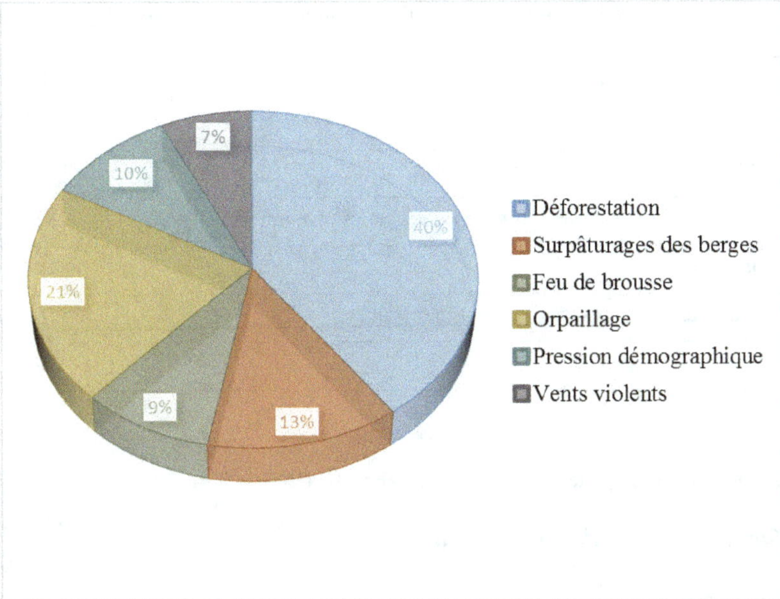


***Figure 8. Facteurs de dégradation des formations de galeries de la Falémé.***

Parmi ces causes de dégradation, la déforestation vient en tête avec 40% d'affirmations, suivie de l'orpaillage avec 21%. Le surpâturage et la pression démographique représentent respectivement 13% et 10% d'affirmations des personnes interviewées. Les causes climatiques qui se résument aux vents violents ne représentent 7%.

Ces dégradations ont surement des conséquences sur le bon fonctionnement des écosystèmes des rivières.

### *d. Conséquences de la dégradation de la végétation des berges de la Falémé*

Selon les personnes enquêtées les conséquences de la dégradation des galeries sont nombreuses et variées. Parmi les conséquences, on peut citer entre autres : l'ensablement des rivières, la destruction des habitats, la disparition des espèces (végétales et animales), la sècheresse et la pollution de l'eau.

Ainsi la disparition des espèces végétales et animales a des répercussions directes sur les systèmes alimentaires et médicinaux des populations (tableau3).

***Tableau 3. Conséquences de la dégradation des formations de galeries***

| Conséquences de la dégradation des formations de galeries | Taux d'affirmations (en %) |
|---|---|
| Ensablement et dégradation des habitats | 26 |
| Raréfaction voire disparition d'espèces végétales et animales | 32 |
| Pollution de l'eau | 14 |
| Difficultés alimentaires, sanitaires et monétaires | 18 |
| Sècheresse | 10 |
| Total | 100 |

Source : Résultat d'enquête des riverains de la Falémé (KONATE mai 2020).

### *e. Rôles des espèces de bordières de la rivière Falémé*

Les fonctions que jouent les arbres des bordières des rivières sont diverses selon la population riveraine. Dans le tableau 4 sont consignées quelques fonctions. Il ressort des données de ce tableau que le rôle de la pharmacopée humaine (55%) joué par les galeries est plus importante que les autres fonctions. Après vient la production de bois (22%) et l'alimentation (15%). Les rôles écologiques comme la protection des berges et la conservation de la biodiversité sont timidement perçus avec seulement 7% par les riverains de la Falémé (Tableau 4).

***Tableau 4. Les diverses fonctions des espèces des bordières citées par les personnes interviewées.***

| Attributs des espèces de galeries des rivières selon les personnes enquêtées le long de la Falémé | Taux d'affirmations (en %) |
|---|---|
| Pharmacopée humaine | 55 |
| Production de bois | 22 |
| Alimentation humaine et animale | 15 |
| Conservation de la diversité | 4 |
| Protection des berges | 3 |
| Carbonisation | 1 |

Source : Résultat d'enquête des riverains de la Falémé, KONATE mai 2020.

Les espèces fruitières les plus utilisées sont : Pterocarpus santalinoides, Nauclea latifolia et Landolphia senegalensis.

Les espèces de galeries les plus utilisées pour la production fourragère sont notamment Pterocarpus erinaceus et Pterocarpus santalinoides selon les personnes interrogées.

En ce qui concerne les plantes utilisées pour la production de biomasses médicinales, le tableau 5 rapporte la liste les espèces et leurs vertus selon les personnes interrogées. Plus d'une dizaine d'espèces a été citée pour leurs vertus médicinales par les personnes riveraines. Elles sont toutes ligneuses sauf une seule qui est une herbacée aquatique, Nymphaea lotus.

***Tableau 5. Liste des espèces de galeries de la Falémé et leurs vertus thérapeutiques selon la population riveraine***

| Espèces | Vertus pharmacologiques ou thérapeutiques |
|---|---|
| Mitragyna inermis | Paludisme ou les maux de ventre |
| Anthocleista kerstingii | Maladies internes et paludisme |
| Nauclea latifolia | Paludisme |
| Daniellia oliveri | Déblocage (rayonnement de la chance) |
| Pterocarpus santalinoides | Dysenterie |
| Mimosa pigra | Maux de ventre |
| Paullinia pinnata | Aphrodisiaque |
| Nymphaea lotus | Contre la fatigue |
| Cynometra vogelii | Paludisme |
| Khaya senegalensis | Maux de ventre |
| Anogeissus leiocarpus | Paludisme |
| Lophira lanceolata | Protection (Contre l'ennemi) |
| Isoberlinia doka | Déblocage (rayonnement de la chance) |
| Carapa procera | Déblocage (rayonnement de la chance) |

Source : Résultat d'enquête des riverains de la Falémé (KONATE mai 2020).

Il faut rappeler qu'aucune action de restauration n'est entreprise le long de la Falémé, selon les personnes interrogées.

#### 4.3.1.2. Variation de la structure des formations végétales étudiées

La structure des formations végétales étudiées est exprimée par la variation des recouvrements des différentes strates et cela pour des galeries du Bafing et de la Falémé. Il s'agit du recouvrement global de la végétation, de la strate ligneuse, de la strate herbacée et de la strate arborée.

- Variation du recouvrement global des deux sites

La figure 9 illustre la variation du recouvrement global de la végétation des formations de galeries et hors galeries des rivières Bafing et Falémé dans la région de Kayes au Mali.

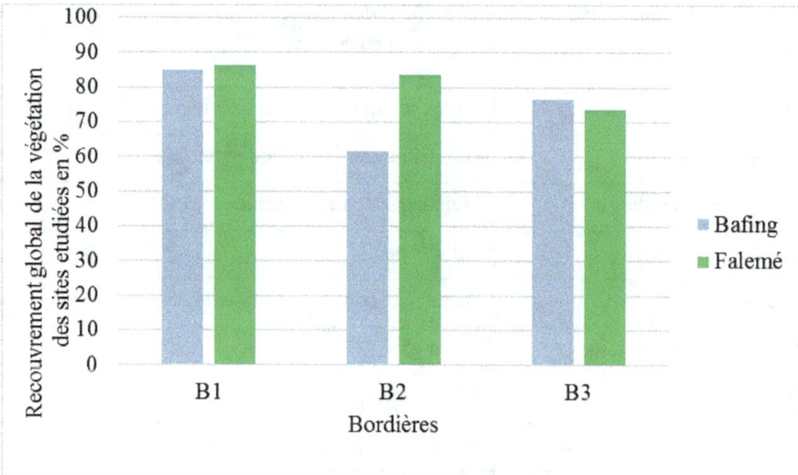


*Figure 9. Variation du recouvrement global de la végétation des formations de galeries et hors galeries des rivières Bafing et Falémé au Mali.*

Légende : B= bordière ; B1 =galerie ; B2 = hors galerie à 100m de B1 et B3= hors galerie à 200m de B1

Il ressort de l'observation et analyse de cette figure que le recouvrement global de la végétation est toujours plus important au niveau des galeries de la Falémé que du Bafing. Il est plus de 85% au niveau de la galerie proprement dite (B1). Le plus faible taux a été observé au niveau de la bordière B2 du Bafing avec seulement 62%.

Ce faible taux pourrait s'expliquer par la forte pression anthropique sur la deuxième bordière du Bafing liée à l'exploitation agricole (champs ou jachères).

- Variation du recouvrement de la strate ligneuse des deux sites

La variation du recouvrement de la strate ligneuse en fonction des bordières pour les deux rivières est représentée par la figure 10. Le recouvrement de la strate ligneuse est plus important pour les formations de la rivière Falémé que de celles du Bafing. Il est toujours encore plus élevé au niveau des galeries qu'hors galeries et cela pour les deux rivières étudiées. Il varie entre 70% et 83% au niveau de Falémé et cela quel que soit la bordière. Par contre, au niveau des formations du Bafing, ce taux est de 30% pour la bordière B3 et 77% pour la bordière B1. Le long de cette rivière, les zones des bordières B2 et B3 sont généralement des parcelles agricoles ou des jachères.

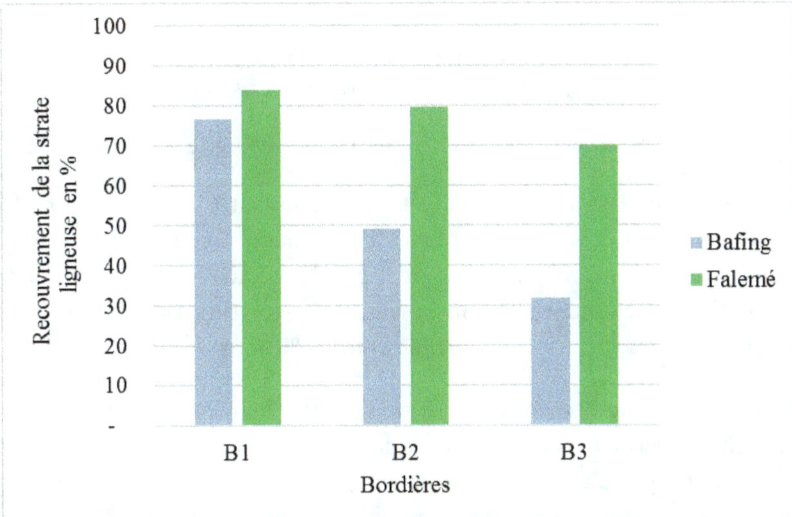


***Figure 10. Variation du recouvrement de la strate ligneuse des formations de galeries et hors galeries des rivières Bafing et Falémé au Mali***

Légende : B1 =galerie ; B2 = hors galerie à 100m de B1 et B3= hors galerie à 200m de B1

Un recouvrement important de la strate ligneuse influe sur celui de la strate herbacée.

- Variation du recouvrement de la strate herbacée des deux sites

La figure 11 montre la variation du recouvrement du tapis herbacé dans les formations de galeries et hors galeries de la Falémé et du Bafing.

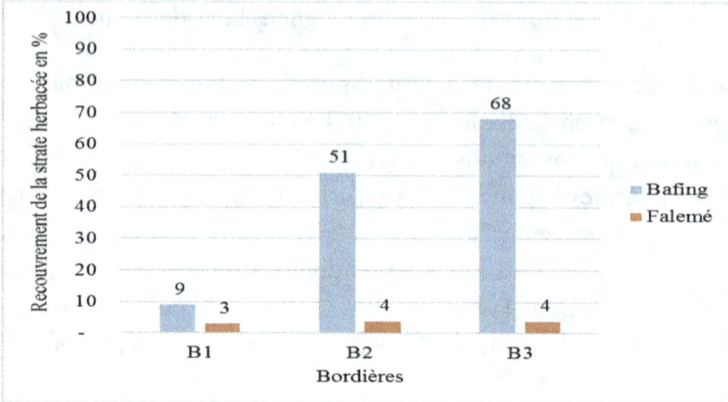


***Figure 11. Variation du recouvrement de la strate herbacée des formations de galeries et hors galeries des rivières Bafing et Falémé au Mali***

Légende : B1 =galerie ; B2 = hors galerie à 100m de B1 et B3= hors galerie à 200m de B1

Le recouvrement de la strate herbacée est plus important au niveau des formations végétales du Bafing et cela toutes bordières confondues. Toutefois, il est plus faible pour les formations de galeries qu'hors galeries. Ce recouvrement est moins de 10% dans les galeries et cela quel que soit la rivière. Le long du Bafing, au niveau des bordières hors galeries, il varie en moyenne entre 51% et 68%.

Le faible taux de recouvrement observé de la strate herbacée le long de la rivière Falémé est dû à la période, peu appropriée, de passage de l'équipe de chercheurs pour la collecte de données. C'était au mois mai, et le tapis herbacé était quasiment absent au-dessus du sol. C'est pourquoi, le taux moyen n'atteint même pas 5% au niveau des formations visitées (Figure 11).

- Variation du recouvrement de la strate arborée des deux sites

La figure 12 illustre la variation du recouvrement de la strate arborée des formations étudiés.

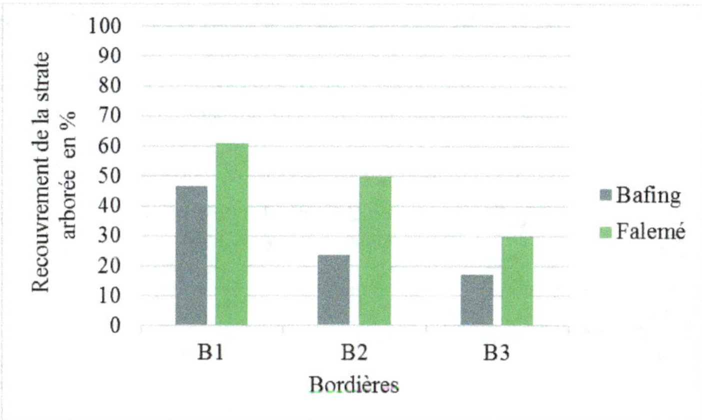


***Figure 12. Variation du recouvrement de la strate arborée des formations de galeries et hors galeries des rivières Bafing et Falémé au Mali***

Légende : B1 =galerie ; B2 = hors galerie à 100m de B1 et B3= hors galerie à 200m de B1

La variation du recouvrement de la strate arborée en fonction des bordières entre les deux rivières est illustrée par la figure 12. Il ressort de l'observation et de l'analyse de cette figure que le taux de recouvrement de la strate arborée est plus important pour les formations de la rivière Falémé que de celles du Bafing et cela quel que soit la bordière. Il est toujours plus élevé au niveau des galeries (B1) qu'hors galeries (B2 et B3). Il varie entre 30% et 60% pour la Falémé, quel que soit la bordière (Figure 12). Par contre, le long de la rivière Bafing, ce taux est de 47% pour la bordière B1 et 17% pour la bordière B3. Il faut souligner ici que, les zones de bordières B2 et B3 sont généralement des champs ou jachères, le long du Bafing.

Nous pouvons retenir, plus qu'on s'approche du cours d'eau plus le couvert ligneux est important.

#### 4.3.1.3. Composition et diversité floristique ligneuse des galeries forestières

Les résultats relatifs à ce sous chapitre sont la composition et la richesse floristique ligneuse des formations de deux rivières, le nombre moyen d'espèces rencontrées par bordière, la contribution des principales familles auxquelles appartiennent ces espèces, la contribution des familles en fonction des bordières pour chaque rivière et les indices de diversité et d'équitabilité de Shannon.

- Composition et richesse floristique ligneuse du Bafing et de la Falémé

Il a été recensé au total 108 espèces ligneuses le long des rivières Bafing et Falémé au Mali (tableau 7). Le nombre d'espèces rencontrées est plus important le long de la Falémé (86 espèces) que le long du Bafing (73 espèces).

***Tableau 6. Liste des espèces ligneuses rencontrées dans les galeries forestières du Bafing et de la Falémé au Mali***

| Espèces ligneuses | Bafing | Falémé |
|---|---|---|
| Acacia dudgeoni | + | + |
| Acacia macrostachya | + | + |
| Acacia senegal | + | - |
| Acacia seyal | + | - |
| Adansonia digitata | + | - |
| Afrormosia laxiflora | + | + |
| Albizia chevalieri | + | + |
| Allophyllus africanus | + | - |
| Annona senegalensis | + | + |
| Anogeissus leiocarpus | + | + |
| Baissea multiflora | + | + |
| Balanites aegyptiaca | + | - |
| Bombax costatum | + | + |
| Borassus akeassii | - | + |
| Borassus flabellifer | - | + |
| Bridelia ferruginea | + | + |
| Burkea africana | + | - |
| Acacia sieberiana | + | - |
| Calotropis procera | + | - |
| Canthium cornelia | + | - |
| Cassia sieberiana | + | + |
| Ceiba pentandra | - | + |

| | | |
|---|---|---|
| Cissus populnea | + | + |
| Combretum aculeatum | + | - |
| Combretum ghasalense | + | - |
| Combretum glutinosum | + | + |
| Combretum lecardii | + | - |
| Combretum micranthum | + | + |
| Combretum nigricans | - | + |
| Combretum velutinum | - | + |
| Cordia myxa | - | + |
| Cordyla pinnata | + | + |
| Crataeva adansonii | - | + |
| Crossopteryx febrifuga | + | + |
| Cytisus scoparius Lena | - | + |
| Daka | - | + |
| Daniellia oliveri | + | + |
| Detarium microcarpum | + | + |
| Dichrostachys glomerata | + | + |
| Diospyros mespiliformis | + | + |
| Elaeis guineensis | - | + |
| Entada africana | + | - |
| Eugenia nigerina | - | + |
| Feretia apodanthera | + | + |
| Ficus abutilifolia | - | + |
| Ficus gnaphalocarpa | + | + |
| Ficus ingens | - | + |
| Ficus iteophyla | - | + |
| Gardenia erubescens | + | + |
| Gardenia livinstoni | + | - |
| Gardenia ternifolia | + | - |

| Grewia bicolor | + | + |
|---|---|---|
| Grewia flavescens | - | + |
| Grewia mollis | + | + |
| Guiera senegalensis | + | + |
| Gymnosporia senegalensis | + | - |
| Hexalobus monopetalus | + | + |
| Holarrhena floribunda | - | + |
| Hymenocardia acida | + | + |
| Inconnu + | + | - |
| Isoberlinia tomentosa | - | + |
| Khaya senegalensis | - | + |
| Kigelia africana | - | + |
| Landolphia senegalensis | + | + |
| Lannea acida | + | + |
| Lannea velutina | + | + |
| Lawsonia inermis | + | - |
| Maerua angolensis | - | + |
| Maytenus senegalensis | + | + |
| Mimosa pigra | - | + |
| Mitragyna inermis | + | + |
| Moghania faginea | - | + |
| Opilia celtidifolia | - | + |
| Oxytenanthera abyssinica | - | + |
| Parkia biglobosa | - | + |
| Piliostigma reticulatum | + | + |
| Piliostigma thonningii | + | + |
| Prosopis africana | + | - |
| Pteleopsis suberosa | + | + |
| Pterocarpus erinaceus | + | + |

| Pterocarpus santalinoides | + | + |
|---|---|---|
| Sarcocephalus latifolius | + | + |
| Sclerocarya birrea | + | - |
| Securinega virosa | + | + |
| Spondias monbin | + | + |
| Sterculia setigera | - | + |
| Stereospermum kunthianum | + | + |
| Strychnos spinosa | + | + |
| Tamarindus indica | - | + |
| Terminalia avicennioides | - | + |
| Terminalia laxiflora | + | - |
| Terminalia macroptera | + | + |
| Terminalia sp | - | + |
| Toumoukala fura (malinké) | + | - |
| Vernonia sp | + | - |
| Vitellaria paradoxa | + | + |
| Vitex barbata | + | + |
| Xeroderris stuhlmannii | - | + |
| Ximenia americana | - | + |
| Ziziphus amphibia | - | + |
| Ziziphus mauritiana | + | + |
| Ziziphus mucronata | + | - |
| Total | 73 | 86 |

Source : KONATE, 2020

- Variation du nombre moyen d'espèces ligneuses entre le Bafing et la Falémé La figure 13 montre la variation du nombre moyen d'espèces ligneuses entre les rivières en fonction des bordières.

L'analyse de la figure 13 montre que le nombre moyen d'espèces ligneuses varie en fonction des rivières et des bordières. Il est plus important dans les bordières B1 et B2 au niveau de la Falémé que du Bafing. Ce nombre varie entre 23 et 22 espèces respectivement pour B1 et B2 pour la Falémé et 17 et 16 espèces pour le Bafing. En revanche, c'est le contraire qui est observé dans la bordière B3.

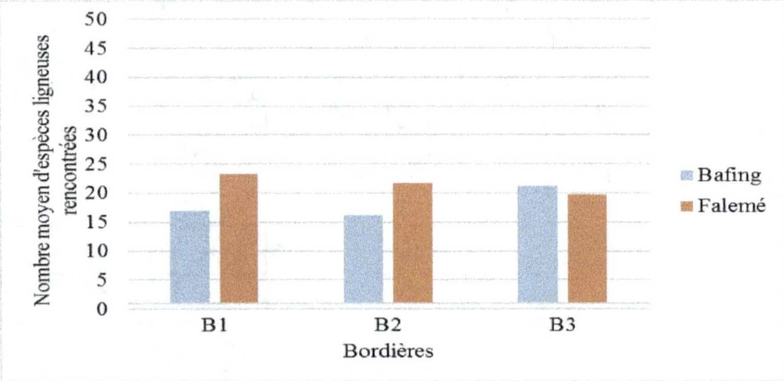


***Figure 13. Variation du nombre moyen d'espèces ligneuses en fonction des bordières du Bafing et de la Falémé.***

Légende : B1 =galerie ; B2 = hors galerie à 100m de B1 et B3= hors galerie à 200m de B1

- Contribution des principales familles pour les deux rivières

Il s'agit de la contribution par famille d'espèces recensées dans les formations de galeries forestières des rivières du Bafing et de la Falemé.

La contribution des familles des espèces rencontrées le long des deux rivières d'étude est illustrée par la figure 14.

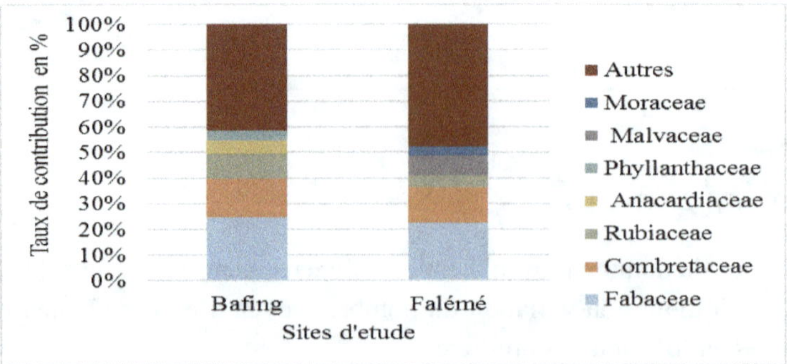


***Figure 14. Contribution des familles ligneuses en fonction des rivières***

Il a été recensé au total 37 familles ligneuses dont 23 familles sont communes aux deux rivières étudiées. Pour une meilleure comparaison des familles dominantes, il a été retenu les familles qui ont au moins quatre espèces. La famille des Fabaceae est la plus représentée suivie des Combretaceae au niveau des deux rivières. Si la famille des Rubiaceae vient en troisième position au niveau du Bafing, les Malvaceae occupent cette place au niveau de la Falémé. Cependant, en plus de ces trois principales familles, on peut noter la dominance des Anacardiaceae, Moraceae et Phyllanthaceae au niveau de ces rivières (figure 14).

- Contribution des principales familles en fonction des bordières de la rivière Falémé La figure 15 représente la contribution des principales familles en fonction des bordières de la Falémé.

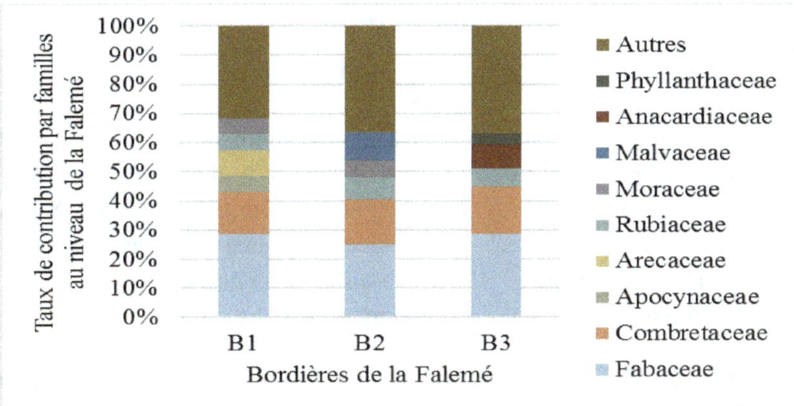


***Figure 15. Contribution des familles d'espèces ligneuses en fonction des bordières de la Falémé***

Légende : B1 =galerie ; B2 = hors galerie à 100m de B1 et B3= hors galerie à 200m de B1

Il ressort de l'analyse de la figure 15 que les principales familles au niveau de bordière B1 sont par ordre d'importance : les Fabaceae, Combretaceae, Arecaceae, Rubiaceae, Moraceae et les Apocynaceae. Au niveau de la bordière B2, les principales familles sont par ordre : les Fabaceae, Combretaceae, Malvaceae, Rubiaceae et les Moraceae. En fin, au niveau de la bordière B3, les familles dominantes sont par ordre : les Fabaceae, Combretaceae, Anacardiaceae, Rubiaceae et les Phyllantaceae.

- Contribution des principales familles en fonction des bordières de la rivière Bafing La figure 16 montre la contribution des principales familles en fonction des bordières de la rivière Bafing.

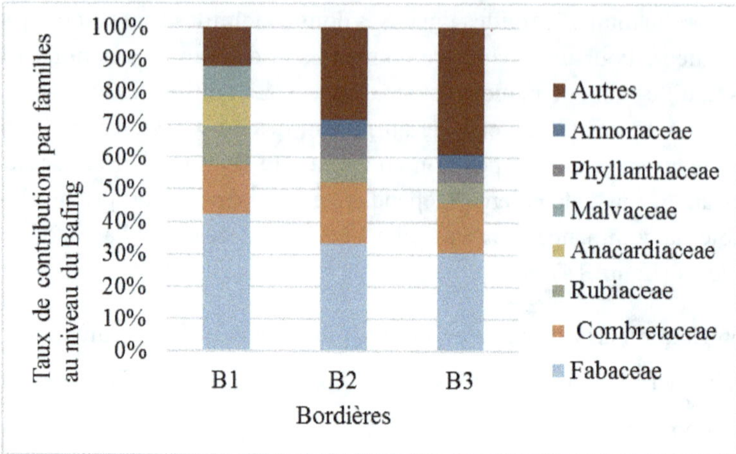


***Figure 16. Contribution des familles ligneuses en fonction des bordières de la rivière Bafing.***

Légende : B1 =galerie ; B2 = hors galerie à 100m de B1 et B3= hors galerie à 200m de B1

Il ressort de l'analyse de la figure 16 que les familles dominantes au niveau de bordière B1 sont par ordre d'importance : les Fabaceae, Combretaceae, Rubiaceae, Anacardiaceae, et Malvaceae. Au niveau de la bordière B2, les principales familles sont par ordre : les Fabaceae, Combretaceae, Rubiaceae, Phyllantaceae et les Annonaceae. Pour la bordière B3, les familles dominantes sont par ordre : les Fabaceae, Combretaceae, Rubiaceae, Phyllantaceae et les Annonaceae.

- Variation des indices de diversité et d'équitabilité de Shannon en fonction des rivières

La figure 17 représente la variation de l'indice de diversité de Shannon entre les deux rivières.

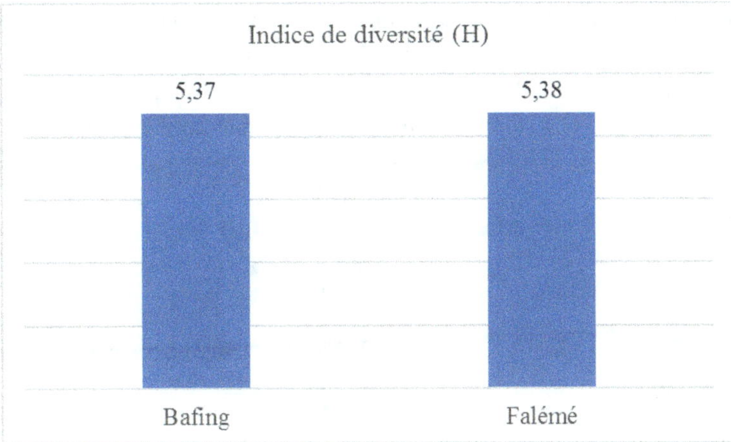


***Figure 17. Variation de l'indice de diversité de Shannon entre les deux rivières***

Il ressort de l'observation de cette figure que les deux rivières ont presque la même valeur indiciaire. Elle est de 5,37 pour le Bafing et 5,38 pour la Falémé. En fait, l'indice de diversité représente une quantité d'informations apportées par un échantillon sur la structure du peuplement dont provient cet échantillon et sur la façon dont les individus y sont répartis, entre les diverses espèces. Plus l'indice est élevé plus la diversité est forte.

La figure 18 illustre la variation de l'indice d'équitabilité entre les deux rivières.

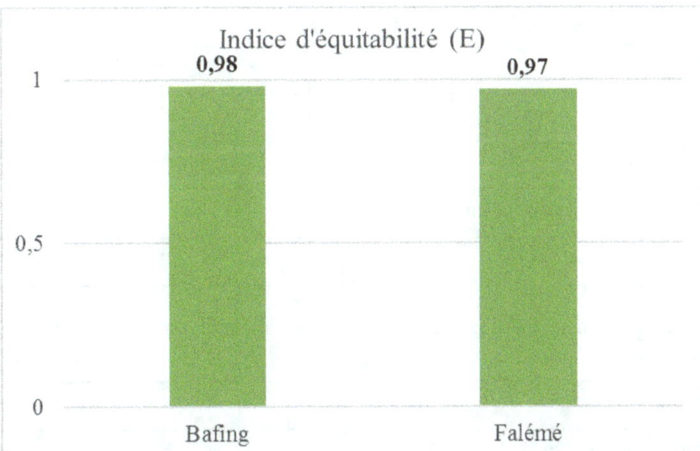


***Figure 18. Variation de l'indice d'équitabilité entre les deux rivières***

A l'observation de la figure 18, le Bafing et la Falémé sont presque les mêmes du point de vue de l'indice d'équitabilité. Cet indice est de 0,98 pour le Bafing et de 0,97 pour la Falémé. Il varie entre 0 et 1. Plus cet indice tend vers 1, plus le milieu est considéré stable ou équilibré. Cela indique aussi qu'il y a une équi-répartition plus ou moins parfaite des taxons dans l'écosystème.

#### 4.3.1.4. Diversité floristique et production du tapis herbacé le long du Bafing

- Composition floristique herbacée du Bafing

Le tableau 7 rapporte la liste de espèces herbacées rencontrées dans les bordières de la rivière Bafing.

***Tableau 7. Liste des espèces herbacées de la rivière de Bafing en fonction des bordières***

| Espèces herbacées | B1 | B2 | B3 |
|---|---|---|---|
| Cyanotis longifolia | - | + | + |
| Achyranthes sicula | - | - | + |
| Allium sp | - | + | - |
| Alysicarpus ovalifolius | - | - | + |
| Alysicarpus rugosus | - | + | - |
| Alysicarpus vaginalis | - | - | + |
| Amorphophalus aphyllus | - | + | + |
| Andropogon gayanus | - | - | + |
| Andropogon pseudapricus | - | + | - |
| Arachis hypogea | - | + | + |
| Arthrocnemum pachystachyum | + | - | + |
| Asparagus africanus | - | + | - |
| Aspilia bussei | - | - | + |
| Aspilia rudis | - | + | - |
| Biophytum sensitivum | - | - | + |
| Borreria chaetocephala | - | + | - |
| Borreria stachydea | - | - | + |
| Brachiaria ramosa | - | - | + |

| | | | |
|---|---|---|---|
| Brachiaria xantholeuca | - | + | - |
| Cassia absus | - | + | + |
| Cassia mimosoides | - | + | + |
| Cassia tora | - | + | - |
| Cissus populnea | - | - | + |
| Cissus rufescens | + | - | - |
| Cleome viscosa | - | - | + |
| Cochlospermum planchonii | - | + | - |
| Commelina benghalensis | + | + | + |
| Commelina forskalaei | - | + | - |
| Corchorus tridens | + | - | - |
| Crotalaria calycina | - | + | + |
| Crotalaria goreensis | + | + | + |
| Crotalaria hyssopifolia | + | - | - |
| Crotalaria retusa | - | + | - |
| Cucumis melo | + | - | - |
| Curculigo pilosa | - | + | + |
| Cyperus difformis | - | - | + |
| Cyperus esculentus | - | + | + |
| Cyperus rotundus | - | + | - |
| Cyperus sp | - | + | + |
| Cyrtosperma senegalensis | - | + | + |
| Dactyloctenium aegyptium | - | + | - |
| Desmodium sp | + | - | + |
| Digitaria chevalieri | + | + | - |
| Digitaria gayana | - | + | + |
| Digitaria horizontalis | - | + | - |
| Diheteropogon hagerupii | - | - | + |
| Euphorbia heterophylla | - | + | + |

| | | | |
|---|---|---|---|
| Euphorbia hirta | - | + | - |
| Gomphrena globosa | - | + | - |
| Hacknochloa granularis | + | - | - |
| Hibiscus asper | - | - | + |
| Hyptis specigera | - | + | + |
| Hyptis suaveolens | - | - | + |
| Indigofera hirsuta | - | - | + |
| Indigofera linearis | - | + | - |
| Indigofera macrocalyx | - | - | + |
| Indigofera pulchra | - | - | + |
| Indigofera terminalis | - | - | + |
| Ipomea triloba | - | + | + |
| Ipomoea aquatica | - | + | - |
| Ipomoea blepharophylla | - | - | + |
| Ipomoea eriocarpa | - | + | - |
| Ipomoea triloba | - | - | + |
| Leptadenia hastata | - | + | - |
| Mitracarpus scaber | + | - | + |
| Mukia maderaspatana | + | - | - |
| Nelsonia canescens | - | + | + |
| Oryza sativa | - | + | - |
| Panicum sp | - | - | + |
| Paspalum scrobiculatum | - | - | + |
| Pennisetum pedicellatum | + | + | + |
| Peristrophe bicalyculata | - | + | - |
| Phyllanthus amarus | - | - | + |
| Physalis angulata | - | + | - |
| Polygala arenaria | + | - | - |
| Rottbollia exaltata | - | + | + |

| Schizachyrium exile | - | - | + |
|---|---|---|---|
| Scilla sudanica | - | - | + |
| Scoparia dulcis | - | - | + |
| Sesbania sesban | + | + | + |
| Setaria barbata | - | - | + |
| Setaria pallidefusca | - | + | - |
| Sida acuta | - | - | + |
| Sida carpinifolia | - | - | + |
| Sida rhombifolia | - | - | + |
| Sorghum bicolor | - | - | + |
| Tephrosia bracteolata | + | - | - |
| Tephrosia nana | - | - | + |
| Tephrosia pedicellata | + | + | + |
| Triumfetta pentandra | - | - | + |
| Vigna racemosa | + | + | - |
| Waltheria indica | - | + | + |
| Wissadula amplissima | - | + | - |
| Zornia glochidiata | - | - | + |

Source : KONATE, 2020.

- Variation de la richesse floristique herbacées du Bafing en fonction des bordières

La figure 19 illustre variation de la richesse floristique herbacée en fonction des bordières du Bafing. Il ressort de l'observation et de l'analyse de cette figure que le nombre d'espèces varie selon les bordières. Au total, il a été recensé 26 espèces herbacées au niveau de la bordière B1, 76 espèces pour la bordière B2 et 96 espèces pour le B3 (Figure 19). Plus que l'on s'éloigne du cours d'eau plus le nombre d'espèces rencontrées augmente.

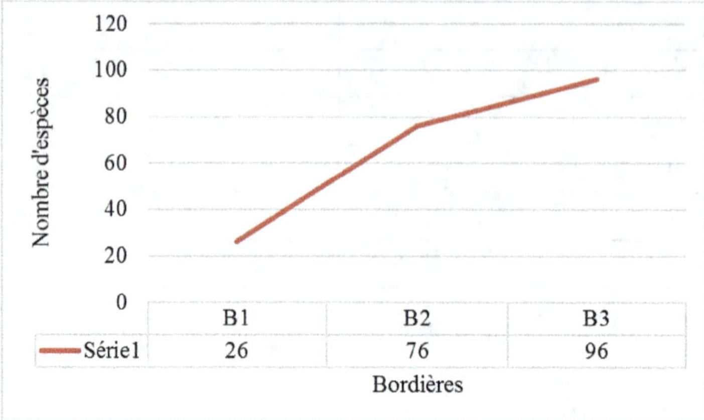


*Figure 19. Variation de la richesse floristique herbacée en fonction des bordières du Bafing.*

L'augmentation du nombre d'espèces dans les formations hors galeries (B3 et B2) est généralement due au degré d'utilisation de ces formations comme zones de pâturages par les éleveurs. Les animaux constituent de véritables disséminateurs des semences herbacées dans la nature.

- Contribution des principales familles d'espèces herbacées du Bafing La figure 20 illustre que certaines familles sont plus représentées que d'autres dans la composition floristique des herbacées de la rivière Bafing.

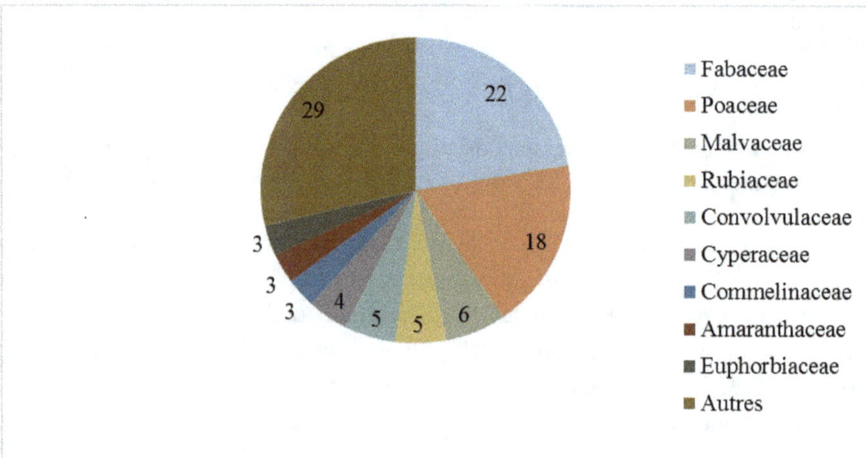


*Figure 20. Contribution des principales familles d'espèces herbacées du Bafing*

Elle montre que les familles Fabaceae, Poaceae, Malvaceae, Rubiaceae et les Convolvulaceae contribuent respectivement avec 22%, 18%, 6% et 5%. Ces familles contribuent à hauteur de 56% sur l'ensemble des familles rencontrées. Elles sont suivies des Cyperaceae (4%), des Commelinaceae, Amaranthaceae et Euphorbiaceae avec 3% chacune. Les familles ayant une contribution inférieure à 3% sont regroupés tous dans autres et leur contribution globale est estimée à 29% (figure 20).

- Production du tapis herbacée du Bafing

La production de la biomasse a été calculée à partir de la moyenne des échantillons récoltés dans des placeaux de 0,25m$^2$ soit (0,5m x 0,5m). Il s'agit de la biomasse fraiche.

Le tableau 8 donne la moyenne des échantillons de biomasse en fonction des parcelles de prélèvement. Si 0,25m$^2$ représente la surface d'une placette ; cette aire d'échantillonnage donne en moyenne 148g de biomasse fraiche soit 0,148kg. A l'échelle d'un hectare, cette production est estimée en moyenne 5 920kg.ha$^{-1}$ de biomasse herbacée fraiche soit 5,92 t. ha$^{-1}$

***Tableau 8. Poids moyen de la biomasse herbacée fraiche en fonction des placettes du Bafing***

| Bordières ou parcelles | Poids moyen de l'échantillon (en g) |
|---|---|
| T1B1 | 0 |
| T1B2 | 209 |
| T1B3 | 146 |
| T2B1 | 0 |
| T2B2 | 382 |
| T2B3 | 151 |
| Moyenne générale | 148 |

Légende : T = transect ; B= bordière.

Source : KONATE, 2020.

### 4.3.2. Discussion

Pour mieux caractériser les formations de galeries dans le cadre de l'étude de la diversité biologique des rivières du bassin supérieur du fleuve Sénégal au Mali, notre étude a porté sur les rivières Bafing et Falémé. Les résultats qui feront l'objet de la présente discussion sont relatifs à :

- la perception de la population sur l'état des galeries de la Falemé ;
- la détermination de la structure des galeries ;
- l'évaluation de la diversité floristique des galeries.

- Perception de la population sur l'état des galeries de la Falemé

Selon les riverains de la Falémé les principales causes de la dégradation des galeries forestières sont d'ordre anthropique. Il s'agit des coupes d'arbres et exploitation de charbon, l'orpaillage, l'extraction de sable, les surpâturages, les feux de brousse, l'exploitation inappropriée de certaines espèces fourragères par les transhumants. Nos résultats confirment ceux de Traoré (2016) qui, après une étude sur la caractérisation de la diversité des galeries du Mali-Sud, rapporte que les mêmes causes ont conduit à la disparition de certaines espèces de galeries dans le bassin du fleuve Niger au Mali. Selon le même auteur, certaines espèces caractéristiques des galeries comme Carapa procera, Elaeis guineense, Raphia sudanica, Oxytenanthera abyssinica sont devenues rares en zone Mali-Sud.

- Structure de la végétation des galeries forestières des rivières du Bafing et de la Falémé

Les plus importants recouvrements des différentes strates ligneuses ont été observés au niveau de la Falémé. Cela s'explique par les conditions bioclimatiques encore plus favorables que celles du Bafing. Les bordières de cette dernière rivière sont fortement convoitées par les paysans pour l'exploitation. L'agriculture extensive au niveau du Bafing pourrait être en grande partie responsable de cette dégradation. L'effet de la pression humaine surtout les coupes de bois, les défrichements entrainent une dégradation des écosystèmes (TRAORE, 2016 ; BALLO, 2006 ; YOSSI, 1996 et SYLLA, 1987).

- Evaluation de la diversité floristique ligneuse des deux rivières

La flore ligneuse est plus importante dans les galeries que dans les formations hors galeries et cela pour les deux rivières. Cette diversité ligneuse plus élevée dans les formations de galeries forestières que dans celles hors galeries s'explique par les conditions hydriques et édaphiques particulièrement favorables auxquelles sont soumises les premières contrairement aux secondes. Les milieux qui reçoivent plus d'eaux ont généralement une diversité plus élevée que ceux qui en reçoivent moins (Karembé et al, 2014 ; Sanogo, 2010 ; Thiombiano et al, 2006 ; Dembélé et al ; 2006). Respectivement au Sénégal et au Mali, Mbow et al, (2008) et Yossi (1996), après des études sur l'évaluation de la diversité ligneuse dans les systèmes d'utilisation des terres en zone soudanienne, ont obtenu des indices de Shannon de 2,9 bits et 2,5 bits. Ces valeurs sont inférieures aux indices obtenus dans le cadre de la présente étude. Malgré les perturbations observées le long des rivières étudiées, leurs valeurs d'indice sont de 5,37bits et 5,38bits respectivement pour le Bafing et la Falémé.

La dominance de la flore des galeries par les familles de Fabaceae, Combretaceae, Arecaceae et Rubiaceae ont été rapportée par TRAORE (2016), SANOGO et al, (2010), et KEBE (2010).

# 5. CONCLUSION ET RECOMMANDATIONS

## 5.1. Conclusion

Au terme de la présente étude, les résultats obtenus sont variés et riches en informations.

Parmi les causes de la dégradation des bordières des rivières du Mali Ouest, les causes anthropiques ont été fortement signalées par les populations riveraines de la Falemé. Le cumule des taux d'affirmations des causes anthropiques sont d'ordre de 90% et les causes d'ordre climatiques ou naturelles 10%. Malheureusement le constat sur le terrain est qu'aucune mesure pouvant rendre compatible les besoins des riverains et la conservation des ressources des galeries n'est mise en œuvre. Il faut donc nécessairement trouver la compatibilité entre les besoins des riverains et la conservation des ressources des galeries pour une utilisation durable de la diversité biologique des galeries forestières considérant les pratiques actuelles et les effets induits constatés.

L'étude nous a permis d'établir une variation entre les rivières et entre les bordières d'une même rivière.

Du point de vue composition et richesse floristique, il a été observé une différence entre les deux rivières étudiées et cela à l'avantage de la Falémé.

Les galeries de la Falémé sont beaucoup plus couvertes que celles du Bafing. Cela s'explique du fait de la pression anthropique forte sur le Bafing. A l'issu de cette analyse, nous pouvons dire que la Falémé est plus riche que le Bafing du point de vue floristique.

La Falémé a le plus grand taux de recouvrement de la strate arborée. Plus on s'approche du cours d'eau plus on rencontre les arbres et plus la couverture est importante.

Les espèces appartenant aux familles des Fabaceae, Combretaceae, Anacardiaceae, Rubiaceae, et Malvaceae ont été les plus rencontrées sur les deux sites d'étude. Les Aracaceae ont été uniquement rencontrées au niveau de la Falémé.

Les formations de galeries de la Falemé sont beaucoup plus riches en nombre de familles et d'espèces que les galeries du Bafing. Cette richesse est principalement due au fait que la Falémé est plus arrosée et moins anthropisée que le Bafing.

L'équitabilité est plus élevé dans la Falemé que dans le Bafing.

Les indices d'équitabilité obtenus (très proches de 1) traduisent l'état de la stabilité de nos rivières Falemé et Bafing.

La production moyenne du tapis herbacée est estimée à 5 920kg.ha$^{-1}$ de biomasse fraiche soit 5,92 t. ha$^{-1}$

### 5.2. Recommandations

A la lumière de cette étude, nous recommandons à la communauté scientifique et aux autorités maliennes de :

1. Poursuivre les recherches afin de constituer un herbier, une banque de semence forestière sur les galeries forestières en vue de proposer des espèces pour la conservation.
2. Effectuer des travaux similaires sur les autres galeries forestières des bordières du Mali.
3. Créer une institution pour la conservation de la biodiversité.
4. Poursuivre la création des aires protégées, l'élaboration de la stratégie nationale pour l'environnement et son plan d'action.
5. Faire un moratoire sur les galeries et réaliser des conventions collectives de défense des galeries.

Tout en ayant en conscience de la valeur intrinsèque de la diversité biologique et de ses éléments constitutifs sur les plans environnementaux, génétiques, sociale, économique, scientifique, éducatif, cultural, récréatif et esthétique.

# REFFERENCES


1) Abdoul K., 2011 : Rôle des galeries forestières dans la conservation de la biodiversité vegetale : cas des rivières de la zone Mali Sud. Mémoire de fin de cycle IPR/IFRA de Katibougou, 63 Pages.
2) ARBONNIER M., 2000 : Arbres, arbustes et lianes des zones sèches d'Afrique de l'Ouest. CIRAD-MNHN-UICN, 542 Pages.
3) BAILLY C, BARBIER C, CLEMENT J, GOUDET J. P et HAMEL O., 1982 : Les Problèmes de la satisfaction des besoins en bois en Afrique tropicale sèche. Connaissances et Incertitudes. Bois et Forêts des Tropiques, 197, 23-73.
4) BIRNBAUM P., 2005 : Mali, une oasis pour la biodiversité, Dossier environnement et développement durable, 48 Pages.
5) CEDEAO et CILSS., 2005 : Afrique de l'ouest 3ème Rapport sur la mise en œuvre de la CCD, 50 Pages.
6) CESAR J et COULIBALY Z., 1990 : Le rôle des jachères et des cultures fourragères dans le maintien de la fertilité des terres. Pages 271-287 dans Actes des Savanes d'Afrique, Terres fertiles ? 10-14 décembre Rencontres Internationales Montpellier, Ministère de la coopération/CIRAD, France.
7) CHERIF M. Z., 2015 : Etude de la composition et de la richesse floristique ligneuse dans le Réservoir du Seuil de Kénié. Rapport de fin de cycle, IPR/IFRA, Katibougou, 35 Pages.
8) COULIBALY L., 2004 : Dynamique de la végétation post- culturale en zone Guinéenne nord du Mali : Cas des terroirs villageois de Galamankourou, Niéguanso et Kafono. Mémoire de D. E. A, Population Environnement, ISFRA, Bamako, 80 Pages.
9) CSA et PROMISAM (Commissariat à la Sécurité Alimentaire et Projet de Mobilisation des Initiatives en matière de Sécurité Alimentaire au Mali). 2008 : Plan de sécurité alimentaire, commune rurale de Siby (2008- 2012). Cercle de Kati, Région de Koulikoro, République du Mali, 12 Pages.
10) CSA et PROMISAM (Commissariat à la Sécurité Alimentaire et Projet de Mobilisation des Initiatives en matière de Sécurité Alimentaire au Mali). 2006: Plan de sécurité alimentaire, commune rurale de Faradiélé (2006- 2010). Cercle de Bougouni, Région de Sikasso, République du Mali, 08 Pages.
11) DAVIES R. J., 1987: Trees and weeds, HMSO Publications Centre, Londres, 36 pages.
12) 12)DEMBELE B., 2001 : Influence de la durée de la jachère sur la reconstitution de la végétation des savanes zone soudanienne sud du Mali : cas

De la commune rurale de Konobougou. Rapport de fin de cycle, IPR/IFRA, Katibougou, Mali, 30 pages.

13) 13)DEMBELE F et KAREMBE M., 2006 : Rapport Technique Final du Réseau d'Observatoire et de Surveillance Ecologique à Long Terme. Observatoire de Bourem, République du Mali, 94 Pages.

14) DEMBELE F et YOSSI H., 1994 : Etude expérimentale de l'influence du feu sur de jeunes jachères au Mali. Pages 127-142 dans Rapport scientifique 1994 du Projet Raccourcissement du temps de jachère, biodiversité et développement durable en Afrique Centrale (Cameroun) et en Afrique de l'Ouest (Sénégal, Mali), ORSTOM, Dakar, Sénégal.

15) DEMBELE F, KAREMBE M, DIAKITE I., 2010 : Dispositif National de Surveillance Environnementale (DNSE). Rapport technique du suivi écologique de la végétation, Campagne 2009-2010, République du Mali, 43 Pages.

16) DEMBELE F, KAREMBE M, DIAKITE I., 2012 : Dispositif National de Surveillance Environnementale (DNSE). Rapport technique du suivi écologique de la végétation, Campagne 2011-2012, République du Mali, 52 Pages.

17) DEMBELE F, KAREMBE M, GERBE A, GAUTIER D., 2004 : Etude des conséquences des modalités d'utilisation des terres en zone aride sur la dégradation des milieux physiques et biologiques au Mali (zone de Bamba). Rapport technique du Projet ROSELT, Institut d'Economie Rurale, Bamako, Mali, 93 Pages.

18) DEMBELE F, KAREMBE M, HANNAN N., 2009 : Etude expérimentale sur l'effet du feu et du pâturage sur les ressources sylvopastorales et leurs impacts sur l'économie des communautés rurales d'Afrique de l'ouest. Rapport Final du Projet, République du Mali, 72 Pages.

19) DEMBELE F., 1996 : Influence du feu et du pâturage sur la végétation et la biodiversité dans les jachères en zone soudanienne-nord du Mali. Cas des jachères du terroir de M'issira (cercle de Kolokani). Thèse de doctorat, Option biologie des populations et écologie, Université Aix-Marseille III, France, 182 Pages.

20) DIAKITE B., 2011 : Influence du gradient climatique sur la régénération ligneuse des formations savanicoles au Mali. 33 pages.

21) DONFACK P., 1998 : Végétation des jachères du Nord- Cameroun. Typologie, Diversité, Dynamique, Production. Thèse de Doctorat d'Etat, Département de Biologie et Physiologie végétale, Université Yaoundé I, 225 Pages.

22) 22)FANE S, 2012 : Dynamique des savanes sous l'influence des perturbations anthropiques (feu et pâture) le long du gradient climatique au Mali. Mémoire de Fin de Cycle, IPR/IFRA de Katibougou, 74 pages.

23) 23)FAO, 2003. Rôle des plantations forestières et des arbres hors forets dans l'aménagement durable en République du Mali. Rapport d'étude.

24) GAMA A., 2002 : Herbicides et débroussaillants en forêt. Evolutions prochaines des homologations, Forêt-entreprise, 147, 51-53.

25) GUILLAUMET J.L et ADJANOHOUN E., 1971 : La végétation de la Côte d'Ivoire Mémoires O.R.S.T.O.M, 50, 157-263.

26) INSTAT (Institut National de la Statistique)., 2014 : 4ème Recensement General de la Population et de l'Habitat du Mali (RGPH). Résultats définitifs Tome 0, Répertoire des villages, Bureau Central du Recensement, Ministère de l'Economie des Finances et du Budget, République du Mali, 298 Pages.

27) KADRI O. N., 2007 : Impact de la mise en culture sur les processus de reconstitution de la végétation ligneuse dans le Cercle de et du (Cas du terroir de Bohio). Mémoire de fin de cycle, IPR/IFRA de Katibougou, 55 Pages.

28) KAIRE M., 1999 : La production ligneuse des jachères et son utilisation par l'homme au Sénégal. Thèse de doctorat, Option Biosciences de l'environnement et santé, Université de Provence - Aix-Marseille 1, France, 116 Pages.

29) KAREMBE M., 2001 : Production végétale et utilisation des ressources pastorales des jachères en zone soudanienne au Mali. Thèse de Doctorat, Université du Mali, 159 Pages.

30) KEBE., 2010 : Proposition du plan d'aménagement au lac TKLM dans la région de Kayes au Mali. Mémoire de Fin de Cycle IPR/IFRA de Katibougou, 62 pages.

31) KEITA N., 2016 : Caractérisation de l'état initial de la végétation ligneuse dans les sites d'expérimentation sur les savanes au Mali : cas des terroirs de Tabou (Cercle de Kati) et de Faradisée (Cercle de Bougouni). Mémoire de fin de cycle IPR /IFRA de Katibougou, 85 Pages.

32) KOITA B., 1998 : Végétation Post- culturale en Zone soudanienne du Sénégal. Influence des pratiques culturales et des facteurs anthropiques sur la reconstitution de la végétation après abandon cultural. Thèse Université Corse, Option biologie des populations écologie, 167 Pages.

33) 33)KONARE, 2019 : Effet de quelques modes de gestions de terre sur la végétation ligneuse dans les sites d'expérimentation sur les savanes au Mali. Mémoire de Fin de Cycle, IPR/IFRA de Katibougou, 62 pages.

34) 34)MAGASSA M., 2014 : Effet du gradient climatique et des facteurs anthropiques sur la production des ressources pastorales en zone soudano-sahélienne au Mali : cas des sites de Laka Mané et de Krokodil. Mémoire de fin de cycle IPR/IFRA de Katibougou, 38 Pages.

35) MAIGA Y H., 2016 : Caractérisation de l'état initial de la densité et de la structure de la végétation ligneuse dans les sites d'expérimentation sur les

savanes dans les terroirs de Tabou (cercle de Kati) et Faradisée (cercle de Bougouni) au Mali. Mémoire de fin de cycle IPR/IFRA de Katibougou, 74.

36) MALI-METEO., 2015 : Données climatologiques recueillies à la station météorologique de Bamako Ville et de Bougouni de 1960 à 2015.

37) MAMAN Z. O., 2011 : Effet conjugué du feu de brousse et de la pâture sur la végétation ligneuse en fonction du gradient climatique au Mali. Mémoire de DEA, FST, Mali, 69 Pages.

38) MENAUT J. C., 1983 : The végétation of africain savonnas. Pages 109-149 in Tropical Savannah, Boursière éd.

39) MOREAU R., 1991 : Influence de la mise en culture et de la jachère forestière sur l'évolution des sols forestiers tropicaux. Pages 245-256 dans La jachère en Afrique de l'Ouest. Ed. Floret C et Serpenté G, Colloques et Séminaires, ORSTOM, Paris, France.

40) ROSELT/OSS., 2009 : Etat de référence des observatoires du Dispositif National de Surveillance Environnementale au Mali. 192 Pages.

41) SABRE I., 2009 : Etude du potentiel des ressources Sylvopastorales et leurs valeurs socio- économiques en zone soudanienne et sahélienne au Mali : Cas dans les cercles de Koulikoro, Diéma et Nioro. Mémoire de fin de cycle, IPR/IFRA de Katibougou, 52 Pages.

42) SANOGO S., 2009 : Influence du climat et du sol sur la structure et la diversité de la végétation ligneuse dans le bassin du fleuve Sénégal du Mali. Mémoire de DEA, FST, Mali,59 Pages.

43) SYLLA M. L., 1987 : Etude des méthodes d'inventaire en forêts tropicales sèches : cas de la Fayat. Thèse de doctorat des sciences, 210 pages.

44) 44)TOURE A., 2014 : Effet du feu et de la pâture sur la végétation ligneuse dans la zone soudano-sahélienne au Mali : cas de Diéma et de Nioro du Sahel. Mémoire de fin de cycle IPR/IFRA de Katibougou, 48 Pages.

45) 45)TRAORE L., 2016 : Caractérisation des formations de galeries forestières des rivières au Sud du Mali. Thèse de doctorat des sciences,208 pages.

46) YOSSI H., 1996 : Dynamique de la végétation post-culturale en zone soudanienne au Mali. Thèse de Doctorat, Option Population-Environnement, ISFRA, Bamako, Mali, 130 Pages.

# ANNEXES

***Annexe 1. Fiche d'enquête auprès des riveraines de la rivière Falemé***

FST/USTTB

Laboratoire d'Ecologie Tropicale (LET) Projet Biodiversité fleuve Sénégal

Fiche d'enquête auprès des populations riveraines des rivières de Mali Ouest (Falémé)

---

Fiche n° …………

Questionnaire Administré par : -----------------------------------------------------Période : ------------

A) Identification de la personne enquêtée.

Nom et prénom : -----------------------------------------------------------Age : ------------Sexe : ----------

Ethnie : ------------Activité principale : --------Activité secondaire : ------Statut matrimonial :

Niveau d'instruction : Primaire ☐ Secondaire ☐ Supérieur ☐ Alpha ☐ Coranique ☐Autres :

B) Rôles des galeries ? (- de protection, - de conservation et - de production)

Quelles sont les rôles que jouent les arbres des bordières de vos rivières ?---------------------

--------------------------------------------------------------------------------------------------------

--------------------------------------------------------------------------------------------------------

--------------------------------------------------------------------------------------------------------

C) Utilité des espèces de galeries

1) Quelles sont les espèces de galerie les plus utilisées dans la production de bois

De chauffe :-----------------------------------------------------------------------------------------

--------------------------------------------------------------------------------------------------------

--------------------------------------------------------------------------------------------------------

------Charbon de bois :----------------------------------------------------------------------------

--------------------------------------------------------------------------------------------------------

-De service :--------------------------------------------------------------------------------------------------

------------------------------------------------------------------------------------------------------------------------

-D'œuvre :--------------------------------------------------------------------------------------------------------

------------------------------------------------------------------------------------------------------------------------

2) Quelles sont les espèces de galerie les plus utiles pour la production fruitière ?--------------

------------------------------------------------------------------------------------------------------------------------

3) Quelles sont les espèces de galerie les plus utiles pour la production fourragère ?---------------

------------------------------------------------------------------------------------------------------------------------

------------------------------------------------------------------------------------------------------------------------

4) Quelles sont les espèces de galerie les plus utiles pour la production de biomasse médicinale?------

------------------------------------------------------------------------------------------------------------------------

------------------------------------------------------------------------------------------------------------------------

D) <u>Caractérisation de la dégradation des formations de galeries</u>

1) Avez-vous constaté durant les 10 dernières années une dégradation de la végétation bordant les cours d'eau ?

OUI ☐ NON ☐

2) Si oui, quelles sont selon vous les facteurs qui sont à la base de cette dégradation ?---------

------------------------------------------------------------------------------------------------------------------------

------------------------------------------------------------------------------------------------------------------------

3) Quelles sont les conséquences de cette dégradation de la végétation ?

-Du point de vue densité :----------------------------------------------------------------------------------

------------------------------------------------------------------------------------------------------------------------

------------------------------------------------------------------------------------------------------------------------

- Du point de richesse floristique-----------------------------------------------------------------------

------------------------------------------------------------------------------------------------------------------------

- Du point de vue recouvrement------------------------------------------------------------------------------

-----------------------------------------------------------------------------------------------------------

Y a-t-il des espèces qui ont disparus ?

- Si oui

-Lesquelles :----------------------------------------------------------------------------------------------

-----------------------------------------------------------------------------------------------------------

E) Lutte contre la dégradation des galeries forestières des rivières

-----------------------------------------------------------------------------------------------------------

-----------------------------------------------------------------------------------------------------------

1) Avez-vous déjà entrepris des actions de protection de vos bordières ?

Non

Si oui :

Lesquelles ?----------------------------------------------------------------------------------------------

-----------------------------------------------------------------------------------------------------------

2) Avez-vous déjà entrepris des actions de restauration de vos bordières dégradées ?

Non ☐

Si oui :

Lesquelles ?----------------------------------------------------------------------------------------------

-----------------------------------------------------------------------------------------------------------

3) Quelles sont les espèces protégées par : les coutumes ; les mœurs et les traditions ?------------

-----------------------------------------------------------------------------------------------------------

-----------------------------------------------------------------------------------------------------------

4) Quels sont les modes de gestion des galeries appliqués dans votre localité?----------------------

-----------------------------------------------------------------------------------------------------------

-----------------------------------------------------------------------------------------------------------

5) Avez-vous des recommandations ? :

a) à l'adresse de l'Etat ---------------------- --------------------------------------------------------
-

-------------------------------------------------------------------------------------------------------------------

b) à l'adresse des populations locales-------------------------------------------------------------------

-------------------------------------------------------------------------------------------------------------

## *Annexe 2. Fiche de relevé phytoécologique*

FST/USTTB

Laboratoire d'Ecologie Tropicale (LET)/ Projet biodiversité fleuve Sénégal

Fiche de relevé phytoécologique

Identification du site :

Date : Auteurs : Rivière :

Localité : Village proche : Zone bioclimatique :

Type de sol : N° parcelle : Superficie parcelle :

Distance /voie de communication : Distance/rivière : Distance/village :

Type de formation :

Noms des deux espèces dominantes : L : H :

Pente :

Pression pastorale : Intensité de coupe :

Fréquence de feu :

Recouvrement de la végétation :

Rgl :

RSH :

RSL : RSA : RSa : RSBL :

Autres observations :

Liste des espèces végétales rencontrées dans la parcelle et leurs abondances dominances

| N° | Espèces ligneuses | A/D | N° | Espèces Herbacées | A/D |
|---|---|---|---|---|---|
| | | | | | |
| | | | | | |
| | | | | | |
| | | | | | |
| | | | | | |
| | | | | | |
| | | | | | |
| | | | | | |
| | | | | | |
| | | | | | |
| | | | | | |
| | | | | | |
| | | | | | |
| | | | | | |
| | | | | | |
| | | | | | |
| | | | | | |
| | | | | | |
| | | | | | |
| | | | | | |
| | | | | | |
| | | | | | |
| | | | | | |
| | | | | | |
| | | | | | |
| | | | | | |
| | | | | | |

| | | | | | |
|---|---|---|---|---|---|
| | | | | | |
| | | | | | |
| | | | | | |
| | | | | | |
| | | | | | |
| | | | | | |
| | | | | | |
| | | | | | |
| | | | | | |
| | | | | | |

Biomasse

P1= P2= P3= P4= P5= PEC=

***Annexe 3. Etat du lit de la Falémé au niveau de Mahinamine.***

Source : KONATE, mai 2020.

***Annexe 4. Quelques clichés réalisés sur le terrain.***

Légende : A= Galerie en dégradation sur la rive malienne de la Falémé ;

B=Exploitation du bois dans la galerie du Bafing ;

C= Galerie non dégradée dans la Falémé ;

D= exploitation artisanale de d'or dans le lit et des bordières de la Falémé.

Source : Cliché réalisé par l'Equipe LET, (KONATE 2020).

***Annexe 5. Répartition par famille du nombre d'espèces dans les sites d'étude***

| N° | Familles | Nombre d'espèces par famille | |
|---|---|---|---|
| | | Falemé | Bafing |
| 2 | Combretaceae | 14 | 10 |
| 3 | Fabaceae | 22 | 23 |
| 4 | Rubiaceae | 4 | 5 |
| 5 | Anacardiaceae | 3 | 4 |
| 6 | Apocynaceae | 3 | 3 |
| 7 | Phyllanthaceae | 3 | 3 |
| 8 | Malvaceae | 2 | 2 |
| 9 | Annonaceae | 2 | 2 |
| 10 | Clusiaceae | 0 | 2 |
| 11 | Malvaceae | 4 | 2 |
| 12 | Rhamnaceae | 2 | 2 |
| 13 | Celastraceae | 1 | 1 |
| 14 | Lythraceae | 0 | 1 |
| 15 | Mimosaceae | 1 | 1 |
| 16 | Amplidaceae | 1 | 1 |
| 17 | Arecaceae | 2 | 1 |
| 18 | Bignoniaceae | 1 | 1 |
| 19 | Celastraceae | 0 | 1 |
| 20 | Cinchonoideae | 1 | 1 |
| 21 | Ebenaceae | 1 | 1 |
| 22 | Moraceae | 2 | 1 |
| 23 | Papilionaceae | 1 | 1 |
| 24 | Sapindaceae | 0 | 1 |
| 25 | Sapotaceae | 1 | 1 |
| 26 | Verbenaceae | 2 | 1 |
| 27 | Zygophyllaceae | 1 | 1 |

| 28 | Arecaceae | 2 | 0 |
|---|---|---|---|
| 29 | Bignoniaceae | 1 | 0 |
| 30 | Boraginaceae | 1 | 0 |
| 31 | Capparaceae | 1 | 0 |
| 32 | Moraceae | 1 | 0 |
| 33 | Capparaceae | 1 | 0 |
| 34 | Cucurbitaceae | 1 | 0 |
| 35 | Meliaceae | 1 | 0 |
| 36 | Myrtaceae | 1 | 0 |
| 37 | Opiliaceae | 1 | 0 |
| 38 | Poaceae | 1 | 0 |
| Total | 37 | 86 | 73 |

www.ingramcontent.com/pod-product-compliance
Lightning Source LLC
LaVergne TN
LVHW022310200926
848481LV00004B/1269
* 9 7 9 8 8 9 9 6 6 3 4 9 9 *